Everyday Mathematics®

Multilingual Handbook

Grade 1

McGraw Hill Education

Chicago, IL • Columbus, OH • New York, NY

Technical Art
Diana Barrie

Photo Credits

everyday**math**.com

Education

Send all inquiries to:
McGraw-Hill Education
STEM Learning Solutions Center
P.O. Box 812960
Chicago, IL 60681

ISBN: 9780076576777
MHID: 0076576779

Printed in the United States of America.

1 2 3 4 5 6 7 8 9 RHR 17 16 15 14 13 12 11

McGraw-Hill is committed to providing instructional materials in Science, Technology, Engineering, and Mathematics (STEM) that give all students a solid foundation, one that prepares them for college and careers in the 21st century.

The **McGraw·Hill** Companies

Multilingual Handbook

Contents

Unit 1 Establishing Routines. 1

Unit 2 Everyday Uses of Numbers 27

Unit 3 Visual Patterns, Number Patterns, and Counting 53

Unit 4 Measurement and Basic Facts 81

Unit 5 Place Value, Number Stories, and Basic Facts. 105

Unit 6 Developing Fact Power 131

Unit 7 Geometry and Attributes 155

Unit 8 Mental Arithmetic, Money, and Fractions 169

Unit 9 Place Value and Fractions 187

Unit 10 Year-End Review and Assessment 203

Vocabulary List. 217

Introduction to *Multilingual Handbook*

The *Everyday Mathematics® Multilingual Handbook* provides
lesson-specific support to help teachers meet the challenges of a
multilingual classroom. For each lesson, there is a brief lesson
summary, vocabulary list, and an example or illustration to provide
children with an overview of each lesson. Research suggests that
telling children what a lesson is about before teaching it gives
children a distinct learning advantage. This resource can help
children learn mathematics as well as new languages. The lesson-
specific materials are presented in

English	Vietnamese
Spanish	Arabic
Traditional Chinese	Hmong.

The Vocabulary List provides Grade 1 vocabulary terms in the six
languages named and in these languages as well:

Haitian-Creole	Tagalog
Korean	German
Russian.	

The *Everyday Mathematics Multilingual Handbook* is a valuable tool
that supports language development and conceptual mathematical
understanding for all children.

Daily Routines

Learn about daily math routines.

Vocabulary: number line ('nəm-bər 'līn)

You do some things, like brush your teeth, every day. These are routines. You will do math routines each day. One routine is counting the days of school on the **number line.**

Rutinas diarias

Aprende las rutinas matemáticas diarias.

Vocabulario: línea numérica (number line)

Hay cosas que haces a diario, como lavarte los dientes. Estas cosas son rutinas. Harás rutinas matemáticas todos los días. Una de ellas es contar los días de escuela en una **línea numérica.**

الأنشطة المتكـررة يوميًا

تعرّف على الأنشطة الحسابية اليومية.

المفردات: خط الأعداد (number line)

يقوم التلميذ بعمل بعض الأمور بشكل يومي مثل تنظيف أسنانه. وهذا هو ما يعرف بالأنشطة اليومية. وسوف يقوم التلميذ بعمل أنشطة حسابية متكررة كل يوم؛ أحدها يتمثل في عد الأيام الدراسية على **خط الأعداد.**

BÀI 1·1

Thói Quen Hằng Ngày

Học thói quen sử dụng toán mỗi ngày.

Từ Vựng: dãy số (number line)

Hằng ngày các em làm một vài hoạt động, chẳng hạn như đánh răng. Đây là thói quen. Các em sẽ tạo thói quen toán học mỗi ngày. Một thói quen là đếm số ngày đi học trên một **dãy số**.

ZAJ LUS QHIA 1·1

Tej Niajhnub Ua Mus Mus Los Los

Kawm txog tej yuav niajhnub ua mus mus los los txog leb.

Lo Lus: Txoj kab ntawv leb (number line)

Koj ua ib yam dab tsi, xws li niajhnub txhuam koj cov hniav. Nov yog tej koj niajhnub ua mus mus los los. Txhua hnub koj yuav ua leb mus mus los los. Ib qho koj yuav niajhnub ua mus mus los los mas yog kawm suav cov hnub kawmntawv ntawm **txoj kab ntawv leb**.

1·1 課

日常學習

學習日常的數學常規。

辭彙：數軸 (number line)

你每天都要做一些事情，比如洗臉等。這些都是日常活動。其中的一項活動就是在**數軸**上數上學的天數。

LESSON 1·2

Investigating the Number Line

Use the number line to count up and for daily routines.

A number line is a tool used for counting.

Count up by 1s. Start at 0.

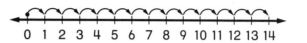

Say: *0, 1, 2, 3, 4, 5, 6, 7, 8, 9, 10, 11, 12, 13, 14*

LECCIÓN 1·2

Investigación de la línea numérica

Usa la línea numérica para contar hacia adelante y para las rutinas diarias.

La línea numérica es una herramienta que se usa para contar.

Cuenta hacia adelante de 1 en 1. Comienza desde 0.

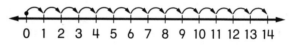

Di: *0, 1, 2, 3, 4, 5, 6, 7, 8, 9, 10, 11, 12, 13, 14*

الدرس 1·2

التعرف على خط الأعداد

استخدم خط الأعداد للتدريب على العد التصاعدي ولممارسة الأنشطة المتكررة يوميًا.

خط الأعداد عبارة عن أداة تستخدم لمساعدة التلميذ على تعلم العد.

عد بالواحد. ابدأ من الصفر

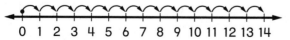

انطق: *0، 1، 2، 3، 4، 5، 6، 7، 8، 9، 10، 11، 12، 13، 14*

BÀI 1·2

Kiểm Tra Dãy Số

Dùng dãy số để đếm lên và để tạo những thói quen mỗi ngày.

Dãy số là công cụ được dùng để đếm.

Đếm lên theo 1 đơn vị. Đếm từ số 0.

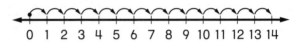

Hãy đọc: *0, 1, 2, 3, 4, 5, 6, 7, 8, 9, 10, 11, 12, 13, 14*

ZAJ LUS QHIA 1·2

Kawm Taug Xyuas Txoj Kab Ntawv Leb

Siv txoj kab ntawv leb suav nce zuj zus thiab muab coj los xyaum niajhnub ua mus mus los los.

Txoj kab ntawv leb yog ib zaj tswvyim uas siv los suav leb.

Suav siab li 1 zujzus mus. Pib ntawm 0 mus.

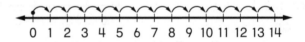

Hais: *0, 1, 2, 3, 4, 5, 6, 7, 8, 9, 10, 11, 12, 13, 14*

1·2 課

學習數軸

用數軸來計數並用於日常活動。

數軸是用來數數的工具。

從 0 開始數，每次加 1。

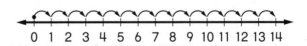

比如：*0, 1, 2, 3, 4, 5, 6, 7, 8, 9, 10, 11, 12, 13, 14*

Tools for Doing Mathematics

Explore using math tools for drawing and counting.

Vocabulary: tool kit ('tül 'kit)
Pattern-Block Template ('pa-tərn 'bläk 'tem-plət)

You will use tools to do math activities. You will keep these tools in your **tool kit.** Your tool kit has pennies, a clock, dice, a **Pattern-Block Template,** and other tools for math.

 LECCIÓN 1·3 **Herramientas para practicar matemáticas**

Explora el uso de herramientas matemáticas para dibujar y contar.

Vocabulario: equipo de herramientas (tool kit)
plantilla de bloques geométricos (Pattern-Block Template)

Usarás herramientas para realizar las actividades matemáticas. Guardarás estas herramientas en tu **equipo de herramientas.** Tu equipo de herramientas incluye *pennies*, un reloj, dados, una **plantilla de bloques geométricos,** y otras herramientas para matemáticas.

أدوات العمليات الحسابية **الدرس 3·1**

استخدم الأدوات الحسابية في الرسم والعد.

المفردات: حقيبة الأدوات (tool kit)
نموذج قوالب الأنماط (Pattern-Block Template)

يستخدم التلميذ بعض الأدوات للقيام بالأنشطة الحسابية التي يجب الاحتفاظ بها في حقيبة الأدوات. وتحتوي **الحقيبة** على عملات نقدية من فئة السنتات وساعة ونرد و**نموذج قوالب الأنماط** وغير ذلك من الأدوات التي تستخدم في الأنشطة الحسابية.

Những Công Cụ Làm Toán

Thám hiểm bằng những công cụ toán học để vẽ và đếm.

Từ Vựng: bộ công cụ (tool kit)
 Khuôn Của Khối Mẫu (Pattern-Block Template)

Các em sẽ dùng những công cụ để thực hiện những sinh hoạt toán học. Các em sẽ giữ những công cụ này trong **bộ công cụ**. Bộ công cụ của các em gồm có những đồng một xu, đồng hồ, hột xí ngầu, và một **Khuôn Của Khối Mẫu,** cũng như những công cụ làm toán khác.

Cov Cuab-yeej Siv Ua Leb

Tshawb kawm txog kam siv cov cuab-yeej rau leb coj los kawm kos duab thiab kawm suav.

Lo Lus: Lub Thawv Cuab-Yeej (tool kit) • Daim Qauv Ntawv Txog Cov
 Cev Duab (Pattern-Block Template)

Koj yuav siv cov cuab-yeej ua tej haujlwm txog leb. Koj yuav muab koj tej cuab-yeej cia rau hauv **lub thawv cuab-yeej.** Lub thawv cuab-yeej muaj cov npib liab, lub moo, lub maj-khauv-lauv, **Cov Qauv Ntawv Txog Cov Cev Duab,** thiab tej cuab-yeej lwm yam txog leb.

數學工具

研究用數學工具來繪圖和計算。

辭彙：工具箱 (tool kit)
 圖樣塊模板 (Pattern-Block Template)

你將利用工具來學習和研究數學。你要把自己的工具保存在**工具箱**中。你的工具箱中有一分硬幣、時鐘、骰子、**圖樣塊模板**和其他數學工具。

Number-Writing Practice

Practice writing the numbers 1 and 2.

Vocabulary: slate ('slāt)

The arrows on the numbers in your *Math Journal* show the strokes you need to use to write each number.

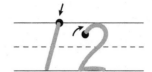

English ◆ English

LECCIÓN 1·4

Práctica de escritura de números

Practica escribiendo los números 1 y 2.

Vocabulario: pizarra (slate)

Las flechas que aparecen en los números en tu *Revista de Matemáticas* te muestran los trazos que necesitas usar para escribir cada número.

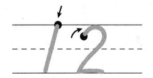

Spanish ◆ Español

الدرس 1·4

التدرب على كتابة الأعداد

تدرب على كتابة العددين 1 و 2.

المفردات: لوح الكتابة (slate)

توضح الأسهم الموجودة في دفتر *الرياضيات* الذي لديك الخطوط التي ينبغي استخدامها لكتابة كل رقم.

Arabic ◆ عربي

BÀI 1·4

Thực Tập Viết Số

Thực tập viết các con số 1 và 2.

Từ Vựng: bảng đá đen (slate)

Những mũi tên nằm trên các con số trong *Nhật Trình Toán Học* của các em cho các em thấy những nét các em cần thực hiện để viết mỗi con số.

ZAJ LUS QHIA 1·4

Nab-npawb – Xyaum Sau

Xyaum sau cov nab-npawb 1 thiab 2.

Lo Lus: Daim txiag siv sau ntawv (slate)

Cov hau xub ntawm cov nabnpawb nyob rau hauv koj *Phauntawv Sau Leb* qhia tias yuav tsum kos lawv qab li cas es thiaj sau tau tus nabnpawb.

1·4 課

數字書寫練習

練習書寫數字 1 和 2。

辭彙：書寫板 (slate)

在你的『*數學日記*』裏，數字上面的箭頭是告訴你寫每一個數字的筆畫。

One More, One Less

Find the number that is 1 more or 1 less than a given number.

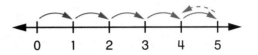

The number 5 is 1 more than 4.

The number 4 is 1 less than 5.

English ◆ English

Uno más, uno menos

Encuentra el número que es 1 más ó 1 menos que
un número dado.

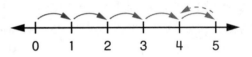

El número 5 es 1 más que 4.

El número 4 es 1 menos que 5.

Spanish ◆ Español

العدد الأكبر بواحد، العدد الأصغر بواحد

أوجد العدد الأكبر بواحد أو أصغر بواحد من العدد المعطى.

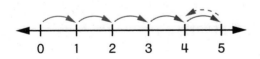

العدد 5 أكبر برقم 1 من العدد 4.

العدد 4 أصغر برقم 1 من العدد 5.

Arabic ◆ عربي

BÀI 1·5 Nhiều Hơn Một, Ít Hơn Một

Tìm số lớn hơn hoặc nhỏ hơn một con số cho trước 1 đơn vị.

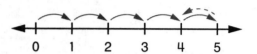

Số 5 lớn hơn số 4 đúng 1 đơn vị.

Số 4 nhỏ hơn số 5 đúng 1 đơn vị.

ZAJ LUS QHIA 1·5 Ib Tshaj Dua, Ib Tsawg Dua

Nrhiav tus nabnpawb uas yog 1 tshaj lossis 1 tsawg dua tus nabnpawb muab los ntawd.

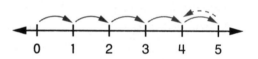

Tus nabnpawb 5 yog 1 tshaj dua 4.

Tus nabnpawb 4 yog 1 tsawg dua 5.

1·5 課 多 1 和少 1

找出比給定的數字多 1 或少 1 的數字。

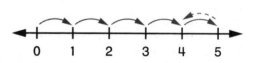

5 比 4 多 1。

4 比 5 少 1。

Comparing Numbers

LESSON 1·6

Compare two numbers to decide which one is larger.

Vocabulary: compare (kəm-'per)
larger (lärj-ər)
smaller ('smȯl-ər)

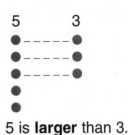

5 is **larger** than 3.

Comparación de números

LECCIÓN 1·6

Compara dos números para decidir cuál es mayor.

Vocabulario: comparar (compare)
mayor (larger)
menor (smaller)

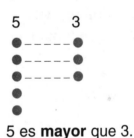

5 es **mayor** que 3.

الدرس 1·6 مقارنة الأعداد

قارن بين عددين لمعرفة أيهما أكبر.

المفردات: قارن (compare)
أكبر (larger)
أصغر (smaller)

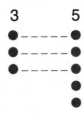

العدد 5 أكبر من العدد 3.

BÀI 1·6

So Sánh Các Con Số

So sánh hai số để tìm số lớn hơn.

Từ Vựng: so sánh (compare)
lớn hơn (larger)
nhỏ hơn (smaller)

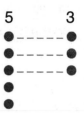

5 **lớn hơn** 3.

ZAJ LUS QHIA 1·6

Muab Nabnpawb Sib Piv

Muab ob tug nabnpawb sib piv xyuas saib tus twg loj dua.

Lo Lus: Sib piv (compare)
Loj dua (larger)
Yau dua (smaller)

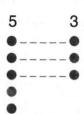

5 **loj dua** 3.

1·6 課

數字比較

比較兩個數字，確定哪一個大。

辭彙：比較 (compare)
較大 (larger)
較小 (smaller)

5 比 3 **大**。

LESSON 1·7

Recording Tally Counts

Use tally marks for data representation.

Vocabulary: tally mark ('ta-lē 'märk)

Tally marks are used to record, count, and write numbers.

• Each / stands for the number 1.

• Each ⁄⁄⁄⁄ stands for the number 5.

//// shows the number 4.

⁄⁄⁄⁄ ⁄⁄⁄⁄ /// shows the number 13.

Spanish ♦ Español

 LECCIÓN 1·7

Conteo con marcas

Usa marcas de conteo para la representación de datos.

Vocabulario: marca de conteo (tally mark)

Las **marcas** se usan para llevar la cuenta, contar y escribir números.

• Cada / representa el número 1.

• Cada ⁄⁄⁄⁄ representa el número 5.

//// representa el número 4.

⁄⁄⁄⁄ ⁄⁄⁄⁄ /// representa el número 13.

Arabic ♦ عربي

 الدرس 7·1

تسجيل الأرقام المعدودة باستخدام علامات

استخدم علامات التسجيل لتمثيل المعطيات.

المفردات: علامة التسجيل (tally mark)

تُستخدم علامات التسجيل لتسجيل وعد وكتابة الأعداد.

كل / يمثل العدد 1.

كل ⁄⁄⁄⁄ يمثل العدد 5.

//// يمثل العدد 4.

⁄⁄⁄⁄ ⁄⁄⁄⁄ /// يمثل العدد 13.

BÀI 1·7

Ghi Chép Số Đếm Bằng Kiểm

Dùng dấu kiểm để biểu thị số liệu.

Từ Vựng: dấu kiểm (tally mark)

Dấu kiểm được sử dụng để ghi chép, đếm, và viết số.

- Mỗi $/$ tượng trưng cho số 1.
- Mỗi ⊬⊬⊬ tượng trưng cho số 5.

⫻⫻ biểu thị số 4.

⊬⊬⊬ ⊬⊬⊬ ⫻⫻ biểu thị số 13.

ZAJ LUS QHIA 1·7

Khij Ua Kab Suav

Siv cov cim suav leb sib ntxiv qhia saib cov deb-tas yog li cas.

Lo Lus: Tus Cim Suav Sib Ntxiv (tally mark)

Cov Cim Suav Sib Ntxiv siv sau ua lus tseg, suav thiab sau ua nabnpawb.

- Nov $/$ yog qhov suav rau nabnpawb 1
- Nov ⊬⊬⊬ yog qhov suav rau nabnpawb 5

⫻⫻ yog qhov suav rau nabnpawb 4.

⊬⊬⊬ ⊬⊬⊬ ⫻⫻ yog qhov suav rau nabnpawb 13.

1·7 課

記錄計數符號

用計數符號來表示數據。

辭彙：計數符號 (tally mark)

計數符號用來記錄、計算和書寫數字。

- 每個 $/$ 代表數字 1。
- 每個 ⊬⊬⊬ 代表數字 5。

⫻⫻ 表示數字 4。

⊬⊬⊬ ⊬⊬⊬ ⫻⫻ 表示數字 13。

Investigating Equally Likely Outcomes

Explore equal-chance events.

When you roll a die many times, each number will land up *about* the same number of times.

Dice-Roll and Tally

⚀	ЖЖ //
⚁	///
⚂	ЖЖ ///
⚃	ЖЖ ////
⚄	///
⚅	ЖЖ /

Investigación de resultados igualmente probables

Explora eventos con iguales probabilidades.

Si tiras un dado muchas veces, obtendrás cada número *aproximadamente* la misma cantidad de veces.

Tira los dados y cuenta

⚀	ЖЖ //
⚁	///
⚂	ЖЖ ///
⚃	ЖЖ ////
⚄	///
⚅	ЖЖ /

استكشاف النواتج ذات الاحتمالات المتساوية

استكشف النتائج ذات احتمالات الحدوث المتساوية.

عند إلقاء نرد لعدد من المرات، فسوف تظهر كافة الأرقام بنفس عدد المرات تقريبًا.

إلقاء النرد والتسجيل

⚀	ЖЖ //
⚁	///
⚂	ЖЖ ///
⚃	ЖЖ ////
⚄	///
⚅	ЖЖ /

BÀI 1·8 — Nghiên Cứu Những Kết Quả Có Cùng Một Xác Suất Xảy Ra

Tìm hiểu những sự kiện có cùng một xác suất xảy ra.

Khi các em lăn hột xí ngầu nhiều lần, mỗi số trên hột xí ngầu sẽ xuất hiện *ở khoảng* cùng một số lần như nhau.

Lăn Xí Ngầu và Kiểm Đếm

Mặt	Đếm
⚀	卌 ‖
⚁	‖‖
⚂	卌 ‖‖
⚃	卌 ‖‖‖
⚄	‖‖
⚅	卌 ǀ

ZAJ LUS QHIA 1·8 — Kawm Taug Xyuas Txog Tej Uas Muaj Cuab Kav Yuav Tshwm Tawm Sib Npaug Zos

Tshawb kawm txog tej ub tej no uas muaj cuab kav yuav tshwm tawm sib npaug zos.

Thaum koj muab lub maj-khauv-lauv dov ntau ntau lwm, txhua tus leb yeej tawm *thaj-tsam* yuav luag sib npaug zos.

Dov Maj-khauv-lauv thiab Muab Suav Sib Ntxiv

Mặt	Suav
⚀	卌 ‖
⚁	‖‖
⚂	卌 ‖‖
⚃	卌 ‖‖‖
⚄	‖‖
⚅	卌 ǀ

1·8 課 — 學習可能性相等的結果

學習等概率事件。

當你多次反復地擲出骰子時，每一個點數將出現大約同樣多的次數。

擲骰子和計數

點數	計數
⚀	卌 ‖
⚁	‖‖
⚂	卌 ‖‖
⚃	卌 ‖‖‖
⚄	‖‖
⚅	卌 ǀ

The Calendar

Use a calendar to keep track of the days in a month.

Vocabulary: calendar ('ka-lən-dər)
date ('dāt)

March 25, 2008, is a **Tuesday.**
Month Date Year Day

March 2008						
Sun	Mon	Tues	Wed	Thurs	Fri	Sat
						1
2	3	4	5	6	7	8
9	10	11	12	13	14	15
16	17	18	19	20	21	22
23	24	25	26	27	28	29
30	31					

March 25, 2008

El calendario

LECCIÓN 1·9

Usa un calendario para llevar la cuenta de los días del mes.

Vocabulario: calendario (calendar)
fecha (date)

El 25 de marzo de 2008 es un martes.
Día Mes Año Día

Marzo de 2008						
Dom	Lun	Mar	Mie	Jue	Vie	Sáb
						1
2	3	4	5	6	7	8
9	10	11	12	13	14	15
16	17	18	19	20	21	22
23	24	25	26	27	28	29
30	31					

25 de marzo de 2008

التقويم الدرس 9·1

استخدم التقويم لتتبع أيام الشهر.

المفردات: التقويم (calendar)
التاريخ (date)

التاريخ هو الثلاثاء، 25 مارس 2008.
يوم تاريخ شهر عام

مارس 2008						
السبت	الجمعة	الخميس	الأربعاء	الثلاثاء	الاثنين	الأحد
1						
8	7	6	5	4	3	8
15	14	13	12	11	10	9
22	21	20	19	18	17	16
29	28	27	26	25	24	23
					31	30

25 مارس 2008

Lịch

Dùng lịch để theo dõi các ngày trong một tháng.

Từ Vựng: lịch (calendar)
Ngày (date)

Ngày 25 Tháng Ba, 2008 là Thứ Ba

Tháng   Ngày   Năm   Thứ

tháng Ba năm 2008						
Chủ Nhật	Thứ Hai	Thứ Ba	Thứ Tư	Thứ Năm	Thứ Sáu	Thứ Bảy
						1
2	3	4	5	6	7	8
9	10	11	12	13	14	15
16	17	18	19	20	21	22
23	24	25	26	27	28	29
30	31					

Ngày 25 tháng Ba năm 2008

Daim Khas-Lees-Dawj

Siv daim khas-lees-dawj pab koj taug xyuas cov hnub hauv lub hlis.

Lo Lus: Daim khas-lees-dawj (calendar)
Hnub-tim (date)

Hnub tim Vas-as-khees, Peb-hli-ntuj 25, 2008

Hnub-tim   Hli   Hnub   Xyoo

Lub Peb-Hli-Ntuj 2008						
Vas-thiv	Vas-cas	Vas-as-khees	Vas-phuv	Vas-phob-hav	Vas-xuv	Vas-xom
						1
2	3	4	5	6	7	8
9	10	11	12	13	14	15
16	17	18	19	20	21	22
23	24	25	26	27	28	29
30	31					

Peb-hli-ntuj 25, 2008

1·9 課 日曆

用日曆來讓學生明白一個月中的每一天。

辭彙：日曆 (calendar)
日期 (date)

2008 年 3 月 25 日是星期二。

年   月   日   星期

2008 年 3 月						
星期日	星期一	星期二	星期三	星期四	星期五	星期六
						1
2	3	4	5	6	7	8
9	10	11	12	13	14	15
16	17	18	19	20	21	22
23	24	25	26	27	28	29
30	31					

2008 年 3 月 25 日

Working in Small Groups

Practice working in small groups.

When you work in a small group, follow the same steps you use when working with a partner:

GUIDE   CHECK   PRAISE

There are other rules you also follow in a small group:
1. Use quiet voices.   2. Be polite.
3. Share materials.   4. Take turns.

Trabajo en grupos pequeños

Practica trabajando en grupos pequeños.

Cuando trabajas en un grupo pequeño, debes seguir los mismos pasos que usas cuando trabajas con un compañero:

GUIAR   COMPROBAR   ELOGIAR

Hay otras cuatro normas que también debes seguir en un grupo pequeño:
1. Habla en voz baja.   2. Sé educado.
3. Comparte los materiales.   4. Túrnate.

العمل في مجموعات صغيرة

تدرب على العمل في مجموعات صغيرة.

عند الاشتراك في مجموعة عمل صغيرة، يجب اتباع نفس الخطوات التي كان يتم مراعاتها أثناء العمل مع شريك واحد:

الإرشاد   التأكد   الثناء

وفيما يلي قواعد أخرى يجب اتباعها أثناء العمل في مجموعة صغيرة:
1. التحدث بصوت هادئ؛   2. التأدب والتحلي بحسن التصرف.
3. مشاركة المواد.   4. الالتزام بالدور.

BÀI 1·10 Sinh Hoạt Theo Những Nhóm Nhỏ

Thực tập sinh hoạt theo những nhóm nhỏ.

Khi các em sinh hoạt trong một nhóm nhỏ, các em hãy tuân theo những bước giống như khi các em sinh hoạt với một người bạn cộng tác:

HƯỚNG DẪN   KIỂM TRA   KHEN NGỢI

Tuy nhiên còn có thêm những qui tắc khác nữa mà các em cần phải tuân theo trong một nhóm nhỏ:

1. Nói năng nhỏ nhẹ.
2. Ứng xử hòa nhã.
3. Chia sẻ tài liệu.
4. Chờ đến lượt mình.

ZAJ LUS QHIA 1·10 Sib Sau Ua Ib Pab Me Me Ua Tej Haujlwm Uake

Xyaum sib sau ua ib pab me me ua tej haujlwm uake.

Thaum koj sib sau ua ib pab me me ua tej haujlwm uake, koj yuav tsum ua raws nkaus tus qauv li thaum nrog ib tug khub ua:

COJ KEV   KUAJ XYUAS   QHUAS

Nws kuj muaj tswvyim lwm yam ntau zaj uas zoo siv rau cov menyuam thaum muab lawv faib ua tej pawg me me ua haujlwm ua ke:

1. Hais lus ntsiag to
2. Paub siab paub qis lossis paub cai
3. Kam qiv tej khoom siv
4. Paub muaj thib ua

1·10 課 以小組方式工作

練習以小組方式工作。

當你在小組中工作時，要遵循與一個夥伴合作時的同樣步驟：

引導   檢查   讚揚

在小組中，你還要遵循如下原則：

1. 說話要和氣。
2. 要有禮貌。
3. 材料要共用。
4. 要輪著來。

EXPLORATIONS: Exploring Math Materials

Learn about Explorations with manipulative materials.

Vocabulary: Exploration (ˌek-splə-ˈrā-shən) • **pattern blocks** (ˈpa-tərn ˈbläks) • **base-10 blocks** (ˈbās ˈten ˈbläks) **geoboard** (ˌjē-ō-ˈbȯrd)

During the year you will do math **Explorations** to find answers to things you did not know. You will use math materials, such as **pattern blocks, base-10 blocks,** and **geoboards** to help you find the answers.

EXPLORACIONES: Exploración del material para matemáticas

Aprende las Exploraciones con material manipulable.

Vocabulario: Exploración (Exploration) • **bloques de patrones (pattern blocks)** • **bloques de base 10 (base-10 blocks) geoplano (geoboard)**

Durante el año, harás **Exploraciones** matemáticas para encontrar respuestas a cosas que no conocías. Usarás materiales relativos a las matemáticas, como **bloques de patrones, bloques de base 10** y **geoplanos,** los cuales te ayudarán a encontrar las respuestas.

استكشافات: استكشاف مواد الأنشطة الحسابية

تعلم الاستكشاف باستخدام مواد يدوية الصنع.

المفردات: الاستكشاف (Exploration) • قوالب الأنماط (pattern blocks) • مكعبات النظام العشري (base-10 blocks) • لوحة الأشكال الهندسية (geoboard)

يقوم التلميذ على مدار العام بعمل **استكشافات** حسابية لإيجاد إجابات على الأمور التي كان يجهلها قبل ذلك. وخلال هذه الاستكشافات سيتاح له الاستعانة بالمواد المستخدمة في العمليات الحسابية. مثل **قوالب الأنماط ومكعبات النظام العشري ولوحات الأشكال الهندسية** للمساعدة في إيجاد الأجوبة.

KHÁM PHÁ: Khám Phá Tài Liệu Toán Học

Học cách Khám Phá bằng những vật dụng thực tập.

Từ Vựng: Khám Phá (Exploration) • những khối mẫu hình (pattern blocks) • những khối 10 căn bản (base-10 blocks) bảng hình học (geoboard)

Suốt trong niên học, các em sẽ thực hiện những **Khám Phá** toán học để tìm câu trả lời cho những điều các em không biết. Các em sẽ sử dụng những tài liệu toán học, chẳng hạn như **những khối mẫu hình, những khối 10 căn bản,** và **bảng hình học** để giúp các em tìm câu trả lời.

KAM TSAWB KAWM: Tshawb Kawm Txog Tej Khoom Siv Rau Leb

Muab tej khoom ua ub no coj los siv tshawb kawm txog tej Kam Tshawb-Kawm

Lo Lus: Kam Tshawb-Kawm (Exploration) • Cov tog ntoo los sis tog rojhmab (pattern blocks) • Cov tog ntoo los sis tog rojhmab loj li 10 (base-10 blocks) • Daim txiag kos cev duab (geoboard)

Sijhawm xyoo no koj yuav muab leb coj los siv ua **Kam Tshawb Kawm** teb tej lus koj xav paub uas yav tag los koj tsis paub. Koj yuav siv tej cuab-yeej rau leb, xws li **cov tog ntoo los sis tog rojhmab, cov tog ntoo lossis tog rojhmab loj li 10,** thiab cov **txiag kos cev duab** pab koj ua teb cov lus koj xav paub.

探索：探索數學用具

學習利用可操作的用具。

辭彙：探索 (Exploration) • 圖樣塊 (pattern blocks) • 十進位方塊 (base-10 blocks) • 幾何板 (geoboard)

在這一年裏，你將對數學進行**探索**，來為一些你不知道的事情找出答案。你將用到一些數學用具，比如**圖樣塊**、**十進位方塊**和**幾何板**，來幫助自己找到答案。

Weather and Temperature Routines

Explore how to read a thermometer and record the temperature.

Vocabulary: **thermometer** (thə(r)-'mä-mə-tər)
degree (di-'grē)
temperature ('tem-pə(r)-ˌchùr)
Fahrenheit ('fer-ən-ˌhīt)

A **thermometer** measures how warm or cold it is in **degrees**. The **temperature** is the number of degrees shown on the **thermometer**.

English ◆ English

LECCIÓN 1·12

Rutinas relacionadas con el tiempo y la temperatura

Aprende a leer el termómetro y registrar la temperatura.

Vocabulario: **termómetro** (thermometer)
grado (degree)
temperatura (temperature)
Fahrenheit (Fahrenheit)

El **termómetro** mide el calor o el frío en **grados**. La **temperatura** es la cantidad de grados que muestra el **termómetro**.

Spanish ◆ Español

الدرس 12·1

الأنشطة المتكررة الخاصة بالطقس ودرجات الحرارة

تعرّف على كيفية قراءة ميزان الحرارة وتسجيل درجة الحرارة.

المفردات: ميزان الحرارة (thermometer)
درجة (degree)
درجة الحرارة (temperature)
فهرنهايت (Fahrenheit)

يقوم ميزان الحرارة بقياس دفء وبرودة الجو بالدرجات. ويمثل درجة الحرارة رقم الدرجات الموضحة على ميزان الحرارة.

Arabic ◆ عربي

Những Thói Quen Cho Thời Tiết và Nhiệt Độ

BÀI 1·12

Khám phá cách thức đọc nhiệt kế và ghi lại nhiệt độ.

Từ Vựng: nhiệt kế (thermometer) • độ (degree) •
nhiệt độ (temperature) • độ F (Fahrenheit)

Nhiệt kế đo độ nóng hoặc độ lạnh của khí hậu bằng **độ**.
Nhiệt độ là con số độ được kế thị trên **nhiệt kế**.

Huabcua thiab Kev Kub Siab Kub Qis Niajhnub Muaj

ZAJ LUS QHIA 1·12

Kawm nyeem rab teev ntsuas kub thiab txias es muab qhov kub siab kub qis sau tseg.

Lo Lus: Rab teev ntsuas kub thiab txias (thermometer) •
Dis-nklis (degree) • Kub siab kub qis (temperature)
Fas-lees-haij (Fahrenheit)

Rab teev ntsuas kub thiab txias (thermometer) ntsuas qhov kub txias ua **dis-nklis**. **Qhov kub siab kub qis** yog tus nabnpawb dis-nklis nyob rau ntawm **rab teev ntsuas kub thiab txias.**

天氣和溫度相關的日常活動

1·12 課

學習怎樣讀取溫度計的讀數和記錄溫度。

辭彙：溫度計 (thermometer) • 度數 (degree) •
溫度 (temperature) • 華氏溫標 (Fahrenheit)

溫度計以**度數**的形式來測量天氣有多溫暖或多寒冷。**溫度**就是顯示在**溫度計**上的度數。

Number Stories

LESSON 1·13

Tell and solve number stories.

Vocabulary: number story ('nəm-bər 'stȯr-ē)

A zoo has 5 tigers and 3 lions. How many animals is this? (8 animals)

XXXXX	*tigers*
XXX	*lions*

You can use other strategies to solve the **number story.**

Historias con números

LECCIÓN 1·13

Cuenta y resuelve historias con números.

Vocabulario: historia con números (number story)

Un zoológico tiene 5 tigres y 3 leones. ¿Cuántos animales hay? (8 animales)

XXXXX	*tigres*
XXX	*leones*

Puedes usar otras estrategias para resolver la **historia con números.**

المسائل الكلامية

الدرس 13·1

قم بحل مسائل كلامية وقصها على الآخرين.

المفردات: مسألة كلامية (number story)

يوجد في حديقة الحيوان 5 نمور و3 أسود. فكم عدد هذه الحيوانات؟ (8 حيوانات)

XXXXX	نمور
XXX	أسود

من الممكن استخدام طرق أخرى لحل المسألة.

BÀI 1·13   Bài Toán Số Học

Đọc và giải những bài toán số học.

Từ Vựng: bài toán số học (number story)

Một sở thú có 5 con cọp và 3 con sư tử. Như vậy có bao nhiêu con thú? (8 con thú)

| XXXXX | con cọp |
| XXX | con sư tử |

Các em cũng có thể dùng những cách giải khác để giải **bài toán số học** đó.

ZAJ LUS QHIA 1·13   Cov Zaj Lus Txog Leb

Qhia thiab ua saib zaj lus txog cov leb tawm li cas.

Lo Lus: Zaj lus txog leb (number story)

Lub vaj-tsiaj muaj 5 tug tsov-txaij thiab 3 tug tsov-ntxhuav. Tag nrho muaj pes tsawg tus tsiaj? (8 tus tsiaj)

| XXXXX | Tsov–txaij |
| XXX | Tsov–ntxhuav |

Koj muaj peevxwm siv lwm yam tswvyim pab koj teb **zaj lus txog leb** saib tawm li cas.

1·13 課   數字問題

講述並解決數字問題。

辭彙：數字問題 (number story)

一家動物園有 5 隻老虎和 3 隻獅子。這裏一共有多少隻動物？（8 隻動物）

| XXXXX | 老虎 |
| XXX | 獅子 |

你可以用其他的方法來解決**數字問題**。

Number Grids

Count up and back on the number grid.

Vocabulary: number grid (ˈnəm-bər ˈgrid)

Read a **number grid** the same way you read a book: Move from left to right across each row. Hop right to count up. Hop left to count back.

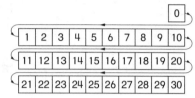

 LECCIÓN 2·1

Cuadrículas numéricas

Cuenta hacia adelante y al revés en la cuadrícula numérica.

Vocabulario: cuadrícula numérica (number grid)

Lee la **cuadrícula numérica** de la misma manera que un libro: fila por fila de izquierda a derecha. Avanza hacia la derecha para contar hacia adelante. Retrocede hacia la izquierda para contar al revés.

الدرس 2·1 مربعات الأعداد

تعلم طريقة العد التصاعدي والتنازلي على مربعات الأعداد.

المفردات: مربع الأعداد (number grid)

اقرأ **مربع الأعداد** بنفس الطريقة التي تقرأ بها الكتب: أي انتقل من اليمين لليسار خلال كل صف، واقفز لليمين للعد التصاعدي، ولليسار للعد التنازلي.

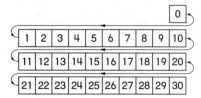

Khung Số

BÀI 2·1

Đếm lên và đếm xuống trên khung số.

Từ Vựng: khung số (number grid)

Đọc một **khung số** giống như các em đọc sách: Đọc từ trái sang phải trên mỗi hàng ngang. Chuyển sang phải để đếm lên. Chuyển sang trái để đếm xuống.

0

1	2	3	4	5	6	7	8	9	10
11	12	13	14	15	16	17	18	19	20
21	22	23	24	25	26	27	28	29	30

Cov Rooj Duab Leb Muaj Kab Muaj Kem

ZAJ LUS QHIA 2·1

Suav nce thiab suav rov qab ntawm lub rooj duab leb muaj kab muaj kem.

Lo Lus: Lub Rooj Duab Leb Muaj Kab Muaj Kem (number grid)

Nyeem **lub rooj duab leb muaj kab muaj kem** tib yam nkaus li koj nyeem phau ntawv: Nyeem sab laug mus rau sab xis ib kab zujzus. Dhia sab xis yog suav nce. Dhia sab laug yog suav rov qab.

0

1	2	3	4	5	6	7	8	9	10
11	12	13	14	15	16	17	18	19	20
21	22	23	24	25	26	27	28	29	30

數字網格

2·1 課

在數字網格上向上數和向下數。

辭彙：數字網格 (number grid)

像讀書一樣讀**數字網格**：從左到右地讀完每一行。向右正數，向左倒數。

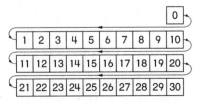

0

1	2	3	4	5	6	7	8	9	10
11	12	13	14	15	16	17	18	19	20
21	22	23	24	25	26	27	28	29	30

Numbers All Around

Explore numbers that are used around you.

Vocabulary: measures ('me-zhərs)

You may use numbers for counting and as **measures.**

Counting	Measures

12 eggs	1 cup

 LECCIÓN 2·2

Números alrededor

Explora los números que se usan a tu alrededor.

Vocabulario: medidas (measures)

Puedes usar los números para contar y como **medidas.**

Conteo	Medidas

12 huevos	1 taza

الأرقام في كل ما حولنا **الدرس 2·2**

استكشف الأرقام المستخدمة فيما حولنا.

المفردات: القياسات (measures)

يمكن استخدام الأرقام للعد والقياسات.

القياسات	العد

1 كوب	12 بيضة

BÀI 2·2

Những Con Số Xung Quanh

Khám phá những con số được sử dụng Xung quanh các em.

Từ Vựng: đo lường (measures)

Các em có thể dùng số để đếm và **đo lường.**

Đếm	**Đo lường**

12 quả trứng	1 cái ly

ZAJ LUS QHIA 2·2

Nabnpawb Puv Qhov Txhia Chaw

Kawm txog tej nabnpawb siv nyob ncig koj.

Lo Lus: Ntsuas (measures)

Koj xav siv nabnpawb los suav thiab ntsuas los tau.

Suav	**Ntsuas**
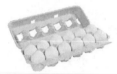	
12 lub nqe	1 khob

2·2 課

週圍的數字

探索在你週圍出現的數字。

辭彙：度量標準 (measures)

你可能要用到數字來計數，或者用數字來度量。

計數	**度量標準**

12 個雞蛋	1 隻杯子

Complements of 10

Explore pairs of numbers that make 10.

Vocabulary: Math Boxes ('math 'bäk-səs)

You can make sums of 10 in eleven different ways.

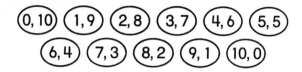

Sumandos de 10

Explora pares de números que formen 10.

Vocabulario: ejercicios matemáticos (Math Boxes)

Puedes obtener sumas de 10 de once diferentes maneras.

(0, 10) (1, 9) (2, 8) (3, 7) (4, 6) (5, 5)
(6, 4) (7, 3) (8, 2) (9, 1) (10, 0)

الأعداد المتممة للعدد 10   الدرس 3·2

تعرّف على أزواج الأعداد التي تكوّن العدد 10.

المفردات: مربعات حسابية (Math Boxes)

يمكن الحصول على العدد 10 من خلال إجراء 11 عملية جمع مختلفة.

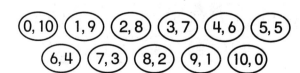

BÀI 2·3 Bù Cho Đủ 10

Tìm những cặp số tạo nên 10.

Từ Vựng: Hộp Toán (Math Boxes)

Các em có thể lập tổng số 10 bằng mười một cách khác nhau.

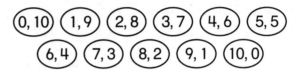

ZAJ LUS QHIA 2·3 Sib Nxiv Kom Muaj 10

Tshawb kawm muab ob tug nabnpawb coj los sib ntxiv kom muaj 10.

Lo Lus: Cov thawv rau leb (Math Boxes)

Muaj kaum-ib txoj kev rau koj muab cov nabnpawb coj los sib ntxiv kom muaj 10.

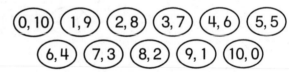

2·3 課 10 的補數

探索加起來得 10 的成對數字。

辭彙：數學框格 (Math Boxes)

你可以用 11 種不同的方法使數字總和為 10。

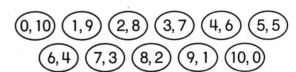

LESSON 2·4 Unit Labels for Numbers

Use unit labels for numbers.

Vocabulary: unit box ('yü-nət 'bäks)
unit ('yü-nət)

A unit label shows *what* you are counting
or measuring.

Unit
6	pennies

Spanish ◆ Español

LECCIÓN 2·4 Etiquetas de unidades para números

Usa etiquetas de unidades para los números.

Vocabulario: casilla de la unidad (unit box)
unidad (unit)

Una etiqueta de unidades muestra *qué* cuentas
o mides.

Unidad
6	pennies

Arabic ◆ عربي

الدرس 4·2 تمييز الوحدات الخاصة بالأعداد

استخدم تمييز الوحدات الخاصة بالأعداد.

المفردات: خانة الوحدة (unit box)
الوحدة (unit)

يوضح تمييز الوحدة *الشيء* المراد عده أو قياسه.

الوحدة
البنسات	6

BÀI 2·4 — Nhãn Đơn Vị Cho Những Con Số

Sử dụng nhãn đơn vị thay cho những con số.

Từ Vựng: hộp đơn vị (unit box)
đơn vị (unit)

Nhãn đơn vị cho biết các em đang đếm *gì* hoặc đang đo *gì*.

Đơn vị
6	đồng một xu

ZAJ LUS QHIA 2·4 — Npe Khoom Rau Cov Nabnpawb

Siv lub npe khoom suav ua nabnpawb.

Lo Lus: lb thawv (unit box)
lb qho (unit)

Lub npe khoom qhia *qhov* koj suav lossis koj ntsuas.

lb qho
6	npib-liab

2·4 課 — 數字的單位標籤

給數字加上單位標籤。

辭彙：單位框格 (unit box)
單位 (unit)

單位標籤說明你正在點數或測量的是*什麼*。

單位
6	美分

Learn about the analog clock.

Vocabulary:
analog clock ('a-nə-ˌlóg 'kläk)
hour hand ('aù(-ə)r 'hand)
minute hand ('mi-nət 'hand)
estimate ('es-tə-mət)
time ('tīm)

You can tell **time** using an
analog clock.

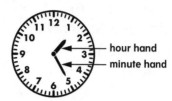

It is *about* 25 minutes after 1 o'clock.
It is *about* 1:25.

 Relojes analógicos

Aprende acerca de los relojes analógicos.

Vocabulario:
reloj analógico (analog clock) •
manecilla de las horas
(hour hand) •
minutero (minute hand) •
estimar (estimate) •
hora (time)

Puedes decir la **hora** usando
un **reloj analógico**.

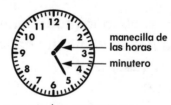

Es más o menos la 1 y 25 minutos.
Es más o *menos* la 1:25.

الساعات التناظرية

تعرّف على الساعات التناظرية.

المفردات:
ساعة تناظرية (analog clock)
عقرب الساعات (hour hand)
عقرب الدقائق (minute hand)
تقدير (estimate)
الوقت (time)

من الممكن إخبار **الوقت** من خلال
الاستعانة **بساعة تناظرية**.

الساعة الواحدة وخمس وعشرون
دقيقة تقريبًا. الساعة 1:25 تقريبًا.

2·5 Đồng Hồ Quay Kim

Học về đồng hồ quay kim.

Từ Vựng:
đồng hồ quay kim (analog clock)
kim chỉ giờ (hour hand)
kim chỉ phút (minute hand)
ước đoán (estimate)
thời gian (time)

Các em có thể biết **thời gian** bằng **đồng hồ quay kim**.

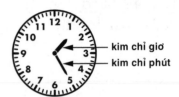

kim chỉ giơ
kim chỉ phút

Bây giờ là khoảng 1 giờ 25 phút.
Bây giờ *khoảng* 1:25.

ZAJ LUS QHIA 2·5 Cov Moo Siv Cov Koob Tes Qhia Moo

Kawm txog lub moo siv tus koob tes qhia moo.

Lo Lus:
Lub moo siv tus koob tes qhia moo (analog clock) •
Tus tes qhia xuab-moo (hour hand) •
Tus tes qhia nas-this (minute hand) •
Kwv yees xav (estimate) •
Sijhawm (time)

Koj muaj peevxwm siv **lub moo siv tus koob tes qhia moo** coj los qhia **sijhawm**.

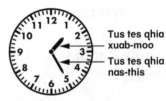

Tus tes qhia xuab-moo
Tus tes qhia nas-this

Nws yog thajtsam li25
nas-this ua qab 1 moo.
Nws yog *thajtsam li* 1:25.

2·5 課 指針式時鐘

學習指針式時鐘。

辭彙：
指針式時鐘 (analog clock)
時針 (hour hand)
分針 (minute hand)
估計 (estimate)
時間 (time)

你可以用**指針式時鐘**來確定**時間**。

時針
分針

現在大約是 1 點過 25 分。
現在大約是 1:25。

LESSON 2·6 Telling Time to the Hour

Tell time to the hour. Learn about A.M. and P.M.

Vocabulary: **clockwise** ('kläk-wīz)
midnight ('mid-nīt)
noon ('nün)
A.M. ('ā-ˌem)
P.M. ('pē-ˌem)

3 o'clock

English ◆ English

LECCIÓN 2·6 Lectura de las horas en punto

Di las horas en punto o completas. Aprende sobre A.M. y P.M.

Vocabulario: **en el sentido de
las manecillas del
reloj (clockwise)** •
medianoche (midnight) •
mediodía (noon) •
A.M. (A.M.) •
P.M. (P.M.)

3 en punto

Spanish ◆ Español

إخبار الوقت بالساعة الدرس 6·2

تعرّف على كيفية إخبار الوقت بالساعة. تعلم معنى "ص" و"م".

المفردات: باتجاه عقارب الساعة (clockwise)
منتصف الليل (midnight)
ظهرًا (noon)
ص (A.M.)
م (P.M.)

الساعة 3 تمامًا

Arabic ◆ عربي

BÀI 2·6 — Cách Đọc Thời Gian Theo Giờ

Đọc thời gian theo giờ. Học về Buổi Sáng (A.M.) và Buổi Chiều (P.M.)

Từ Vựng: theo chiều kim đồng hồ
(clockwise)
nửa đêm (midnight)
trưa (noon)
SÁNG (A.M.)
CHIỀU (P.M.)

3 giờ

ZAJ LUS QHIA 2·6 — Qhia Sijhawm Txog Xuab-moo

Qhia sijhawm txog xuab-moo. Kawm txog A.M. thiab P.M.

Lo Lus: Tig raws tus tes moo
(clockwise)
Ib-tag-hmo (midnight)
Tav-su (noon)
A.M. (A.M.)
P.M. (P.M.)

3 moo

2·6 課 — 說出整點的時間

說出整點的時間。學習上午和下午。

辭彙：順時針方向 (clockwise)
午夜 (midnight)
正午 (noon)
上午 (A.M.)
下午 (P.M.)

3 點

EXPLORATIONS: Exploring Lengths, Straightedges, and Dominoes

Compare lengths of objects. Draw straight lines with a straightedge.

Vocabulary: ruler ('rü-lər)
        straight ('strāt)
        straightedge ('strāt-ˌej)
        length ('leŋ(k)th)

You can look at objects and compare their **lengths**.

shortest

longest

EXPLORACIONES: Exploración de longitudes, reglones y dominós

Compara las longitudes de los objetos. Dibuja líneas rectas con un reglón.

Vocabulario: regla (ruler)
        recto (straight)
        borde recto (straightedge)
        longitud (length)

Puedes mirar los objetos y comparar sus **longitudes**.

el más corto

el más largo

استكشافات: استكشاف الأطوال ومساطر التقويم وقطع الدومينو

قارن بين أطوال الأشياء، وارسم خطوط مستقيمة باستخدام مسطرة التقويم.

المفردات: مسطرة (ruler)
مستقيم (straight)
مسطرة تقويم (straightedge)
طول (length)

يمكن مقارنة أطوال الأشياء بالنظر إليها.

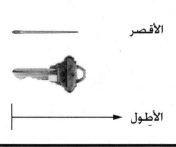

الأقصر

الأطول

BÀI 2·7 KHÁM PHÁ: Tìm Hiểu Chiều Dài, Cạnh Thẳng, và Đôminô

So sánh chiều dài của các đồ vật. Vẽ đường thẳng dùng một cạnh thẳng.

Từ Vựng: thước kẻ (ruler)
     thẳng (straight)
     cạnh thẳng (straightedge)
     chiều dài (length)

Các em có thể quan sát đồ vật và so sánh **chiều dài** của chúng.

ngắn nhất

dài nhất

ZAJ LUS QHIA 2·7 KAM TSAWB KAWM: Tshawb Kawm Txog Qhov Ntev, Cov Pas Ntsuas Ncaj Ncaj, thiab Cov Dos-mis-no

Maub cov khoom sib piv saib ntev li cas. Siv tus pas ntsuas ncaj ncaj coj los pab kos kom tau cov kab ncaj ncaj.

Lo Lus: Tus pas ntsuas (ruler)
     Ncaj (straight)
     Tus pas ntsuas ncaj ncaj (straightedge)
     Qhov ntev (length)

Koj muaj peevxwm ntsia tej yam khoom dab tsi, es piv ntsuas lawv **qhov ntev**.

Luv tshaj plaws

Ntev tshaj plaws

2·7 課 探索：探索長度、直尺和多米諾

比較物體的長度。用直尺畫直線。

辭彙：尺 (ruler)
     直的 (straight)
     直尺 (straightedge)
     長度 (length)

你可以看著不同的物體，比較它們的**長度**。

最短

最長

Pennies

Learn about pennies and how to show cents.

Vocabulary: penny ('pe-nē)
            cent ('sent)
            value ('val-(ı)yü)
            symbol ('sim-bəl)
            coins ('kȯins)

You can use the **symbol** ¢ to show the **value** of **coins**.

 6 ¢

Pennies

Aprende acerca de los *pennies* o monedas de 1 centavo y cómo indicar los centavos.

Vocabulario: *penny* **(penny)** • **centavo (cent)**
            valor (value) • **símbolo (symbol)**
            monedas (coins)

Puedes usar el **símbolo** ¢ para indicar el **valor** de las **monedas**.

 6 ¢

البنسات

تعرّف على عملة البنسات وكيفية التعبير عن قيمة السنتات.

المفردات: بنس (penny)
سنت (cent)
قيمة (value)
رمز (symbol)
العملات المعدنية (coins)

يمكن استخدام الرمز ¢ للتعبير عن قيمة العملات المعدنية.

 ¢6

Đồng Một Xu

Tìm hiểu về những đồng một xu và cách thức thể hiện tiền xu.

Từ Vựng: đồng một xu (penny)
xu (cent)
giá trị (value)
ký hiệu (symbol)
tiền cắc (coins)

6 ¢

Các em có thể dùng **ký hiệu** ¢ để biểu thị **giá trị** của những đồng **tiền cắc.**

Npib-liab (Pennies)

Kawm txog cov npib-liab thiab kawm suav nyiaj xees (cents).

Lo Lus: Npib-liab (penny)
xees (cent)
Tus nqi (value)
Cim (symbol)
Npib (coins)

6 ¢

Koj siv **tus cim** ¢ qhia **tus nqi** ntawm **cov npib** los tau.

一美分硬幣

瞭解一美分硬幣，學習怎樣表示多少美分。

辭彙：一美分硬幣 (penny)
美分 (cent)
幣值 (value)
符號 (symbol)
硬幣 (coins)

6 ¢

你可以用**符號** ¢ 來表示**硬幣**的**幣值**。

Vietnamese ◆ Tiếng Việt

Hmong ◆ Hmoob

Traditional Chinese ◆ 中文

Nickels

Learn about nickels. Exchange pennies for nickels.

Vocabulary: nickel ('ni-kəl)
       exchange (iks-'chānj)

You can **exchange** 5 pennies for 1 **nickel**.

You can use 8 pennies
or 1 nickel and 3 pennies
to show 8¢.

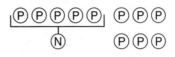

8¢

English ◆ English

Nickels

Conoce las monedas de 5 centavos o *nickels*. Cambia *pennies* por *nickels*.

Vocabulario: *nickel* (nickel)
       cambio (exchange)

Puedes **cambiar** 5 *pennies* por 1 *nickel*.

Puedes usar 8 *pennies*
ó 1 *nickel* y 3 *pennies*,
para mostrar 8¢.

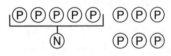

8¢

Spanish ◆ Español

 عملة الخمسة سنتات

تعرّف على عملة الخمسة سنتات. واستبدل عملات الخمسة سنتات بعملات البنس.

المفردات: عملة الخمسة سنتات (nickel) • استبدال (exchange)

يمكن استبدال 5 بنسات بعملة خمسة سنتات واحدة.

يمكن استخدام 8 بنسات
أو عملة خمسة سنتات و3 بنسات
للتعبير عنها بـ 8¢.

¢8

Arabic ◆ عربي

Đồng Năm Xu

BÀI 2·9

Tìm hiểu về những đồng năm xu. Đổi những đồng một xu lấy những đồng năm xu.

Từ Vựng: đồng năm xu (nickel) • trao đổi (exchange)

Các em có **thể đổi** 5 đồng một xu lấy 1 **đồng năm xu**.

Các em có thể dùng 8 đồng một xu hoặc 1 đồng năm xu và 3 đồng một xu để biểu thị 8¢.

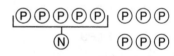

8¢

Npib Niv-Kaum (Tsib Xees)

ZAJ LUS QHIA 2·9

Kawm txog cov npib niv-kaum. Muab cov npib-liab pauv nrog cov niv-kaum.

Lo Lus: Npib niv-kaum (nickel) • Sib pauv (exchange)

Koj muaj peevxwm muab 5 lub npib-liab **sib pauv** nrog 1 lub **npib niv-kaum**.

Koj muaj peevxwm siv 8 lub npib-liab lossis 1 lub niv-kaum thiab 3 lub npib-liab qhia ua 8¢.

8¢

Traditional Chinese ◆ 中文

五美分硬幣

2·9 課

認識五美分硬幣；用一美分硬幣兌換五美分硬幣。

辭彙：五美分硬幣 (nickel)
兌換 (exchange)

你可以用 5 個一美分硬幣**兌換** 1 個**五美分硬幣**。

你可以用 8 個一美分硬幣或 1 個五美分硬幣和 3 個一美分硬幣來表示 8 美分。

8¢

Counting Pennies and Nickels

Find the values of combinations of nickels and pennies.

Vocabulary: combination (ˌkäm-bə-ˈnā-shən)

When you count a **combination** of pennies and nickels, start with the nickels so you can count by 5s first.

       13¢

Conteo de pennies y nickels

Encuentra los valores de las combinaciones de *nickels* y *pennies*.

Vocabulario: combinación (combination)

Cuando cuentes una **combinación** de *pennies* y *nickels*, comienza con los *nickels* para poder contar primero de 5 en 5.

       13¢

عدّ البنسات وعملات الخمسة سنتات

أوجد قيمة مجموع عدد من عملات الخمسة سنتات والبنسات.

المفردات: مجموعة (combination)

عند عدّ مجموعة من البنسات وعملات الخمسة سنتات. يجب البدء بعدّ عملات الخمسة سنتات بحيث يتم عدّ كل عملة بقيمة 5 بنس من البداية.

¢13

BÀI 2·10

Đếm Những Đồng Một Xu và Những Đồng Năm Xu

Tìm giá trị tổng cộng của những đồng năm xu và những đồng một xu.

Từ Vựng: tổng cộng (combination)

Khi các em đếm **tổng cộng** những đồng một xu và những đồng năm xu, hãy khởi đầu bằng những đồng năm xu để các em có thể đếm theo đơn vị 5 trước.

 13¢

ZAJ LUS QHIA 2·10

Suav Cov Npib-Liab thiab Cov Niv-Kaum

Nrhiav cov nqi uas muab cov npib niv-kaum thiab npib-liab sib ntxiv.

Lo Lus: Kam Muab Sib Ntxiv (combination)

Thaum koj suav cov npib-liab thiab cov niv-kaum **sib ntxiv ua ke,** siv cov niv-kaum ua ntej es koj thiaj muaj peevxwm pib suav tau 5s zujzus mus.

 13¢

2·10 課

數一美分硬幣和五美分硬幣

確定幾個五美分硬幣和一美分硬幣的組合幣值。

辭彙：組合 (combination)

當你數一美分硬幣和五美分硬幣的**組合**時，可以從五美分硬幣開始，這樣你就能先 5 美分 5 美分地計算了。

 13¢

LESSON 2·11 — Number Models

Explore number models for change-to-more situations.

Vocabulary: add ('ad)
   plus ('pləs)
   is equal to ('iz 'ē-kwəl 'tü)
   number model ('nəm-bər 'mä-dᵊl)
   altogether (ˌȯl-tə-'ge-<u>th</u>ər)

How many cubes are there **altogether**? (12 cubes)

7 + 5 = 12

LECCIÓN 2·11 — Modelos numéricos

Explora modelos numéricos para situaciones de suma.

Vocabulario: sumar (add)
   más (plus)
   es igual a (is equal to)
   modelo numérico (number model)
   en total (altogether)

¿Cuántos cubos hay **en total**? (12 cubos)

7 + 5 = 12

الدرس 11·2 — نماذج الأعداد

تعرّف على نماذج الأعداد للقيام بعمليات الجمع.

المفردات: اجمع (add)
   زائد (plus)
   يساوي (is equal to)
   نموذج العدد (number model)
   المجموع (altogether)

كم عدد مجموع المكعبات؟ (12 كوبا)

7 + 5 = 12

Những Mô Hình Số

Tìm hiểu những mô hình số của tình huống đổi thành nhiều hơn.

Từ Vựng: thêm vào (add)
cộng (plus)
bằng với (is equal to)
mô hình số (number model)
tổng cộng (altogether)

Tổng cộng có bao nhiêu khối? (12 khối vuông)

$$7 + 5 = 12$$

ZAJ LUS QHIA 2·11

Cov Qauv Nabnpawb

Tshawb kawm txog cov qauv nabnpawb kom paub muab siv ua lwm yam.

Lo Lus: Sib Ntxiv (add)
Ntxiv (plus)
Sib npaug zos li (is equal to)
Zaj qauv nabnpawb (number model)
Tag nrho uake (altogether)

Tag nrho uake muaj pes tsawg lub menyuam thawv cube? (12 lub cubes)

$$7 + 5 = 12$$

2·11 課

算式

學習適用於增加情況的算式。

辭彙：加起來 (add)
加上 (plus)
等於 (is equal to)
算式 (number model)
總共 (altogether)

這裏**總共**有多少個立方體？（12 個立方體）

$$7 + 5 = 12$$

Subtraction Number Models

Use number models for change-to-less situations.

Vocabulary: subtract (səb-'trakt)
 minus ('mī-nəs)

There were 9 cups. 4 cups spilled.
How many cups are still standing up?
(5 cups)

$$9 - 4 = 5$$

Modelos numéricos para resta

Usa los modelos numéricos para situaciones de resta.

Vocabulario: restar (subtract)
 menos (minus)

Había 9 tazas. Se volcaron 4.
¿Cuántas tazas se mantienen en pie?
(5 tazas)

$$9 - 4 = 5$$

 نماذج الأعداد الخاصة بعمليات الطرح

استخدام نماذج الأعداد للقيام بعلميات الطرح.

المفردات: اطرح (subtract)
 ناقص (minus)

يوجد 9 أكواب. سقط منها 4 أكواب.
كم عدد الأكواب التي ما زالت في
مكانها؟ (5 أكواب)

$$5 = 4 - 9$$

BÀI 2·12
Những Mô Hình Số Giảm

Dùng những mô hình số cho những tình huống đổi thành ít hơn.

Từ Vựng: giảm đi (subtract)
trừ (minus)

Có 9 ly. 4 ly bị đổ.
Vậy có bao nhiêu ly vẫn còn đứng vững?
(5 ly)

$$9 - 4 = 5$$

ZAJ LUS QHIA 2·12
Cov Qauv Ua Leb Tshem Nabnpawb Tawm

Siv cov qauv ua leb hloov ua kom yau dua.

Lo Lus: Tshem Tawm (subtract)
Luv Tawm (minus)

Nws muaj 9 khob. 4 khob nchuav.
Tshuav tsawg khob tseem txawb sawv ntsug?
(5 khob)

$$9 - 4 = 5$$

2·12 課
減法算式

用算式表示減少的情況。

辭彙：減 (subtract)
減去 (minus)

那裏有 9 隻杯子，4 隻倒了，
還剩多少隻立在那兒？
(5 隻杯子)

$$9 - 4 = 5$$

LESSON 2·13 Number Stories

Practice making up and solving number stories.

You can use different ways to solve number stories. You may use counters or pennies. You may draw doodles, tallies or pictures. You may count on your fingers.

You have 2 nickels. You buy an eraser.
How much money do you have left? (3¢)

$10 - 7 = 3$

7¢

LECCIÓN 2·13 Historias con números

Practica cómo inventar y resolver historias con números.

Puedes usar diferentes maneras para resolver las historias con números. Puedes emplear fichas o *pennies*. Puedes dibujar garabatos, marcas de conteo o imágenes. Puedes contar con tus dedos.

Tienes 2 *nickels*. Compras una goma para borrar.
¿Cuánto dinero te queda? (3¢)

$10 - 7 = 3$

7¢

المسائل الكلامية 13·2

تدرّب على ابتكار وحل المسائل الكلامية.

بإمكانك استخدام طرق مختلفة لحل المسائل الكلامية؛ إذ يمكن استخدام الفيشات أو عملات البنس. أو رسم رسومات أو علامات تسجيل أو صور أو العد على الأصابع.

إذا كان لديك عملتان من فئة الخمسة سنتات. وقمت بشراء ممحاة.
فكم يتبقى معك؟ (3¢)

$10 - 7 = 3$

¢7

Bài Toán Số Học

Vietnamese ◆ Tiếng Việt

Thực tập tạo ra và giải những bài toán số học

Các em có thể sử dụng nhiều cách thức khác nhau để giải những bài toán số học. Các em có thể sử dụng máy tính hoặc những đồng một xu. Các em có thể vẽ nháp, dấu kiểm hoặc vẽ hình ảnh. Các em cũng có thể tính bằng những ngón tay của mình.

Các em có 2 đồng năm xu. Các em mua một cục tẩy. Vậy các em còn lại bao nhiêu tiền? (3¢)

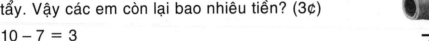

10 − 7 = 3

7¢

Cov Zaj Lus Txog Leb

Hmong ◆ Hmoob

Kwvyees txog tej zaj lus txog leb, es muab ua saib tawm li cas.

Koj xav siv ntau yam kev los ua cov zaj lus txog leb no los tau. Xav siv cov khoom siv suav leb lossis npib-liab pab los tau. Xav kos ua kab, khij ua kab suav, lossis kos ua duab los tau. Suav ntawm koj cov ntivtes los tau.

Koj muaj 2 lub niv-kaum. Koj muab yuav ib lub rojhmab lwv ntawv. Koj tshuav pes tsawg nyiaj seem? (3¢)

10 − 7 = 3

7¢

數字問題

Traditional Chinese ◆ 中文

練習編數字故事並解答其中的問題。

你可以用不同的方法來解決數字問題。你可以利用籌碼或硬幣，也可以隨便畫計數符號或圖畫,還可以數自己的手指頭。

你有 2 個五美分硬幣，然後你用 7 美分買了一塊橡皮，現在你還剩下多少錢？（3 美分）

10 − 7 = 3

7¢

LESSON 3·1   Visual Patterns

Explore and extend visual patterns.

Vocabulary: pattern ('pa-tərn)

- The **pattern** is triangle, circle, triangle, circle, triangle.
- The next shape in the pattern is a circle.

LECCIÓN 3·1   Patrones visuales

Explora y extiende los patrones visuales.

Vocabulario: patrón (pattern)

- El **patrón** es un triángulo, círculo, triángulo, círculo, triángulo.
- La siguiente figura del patrón es un círculo.

الدرس 1·3   الأنماط المرئية

تعرّف على الأنماط المرئية وأضف إليها.

المفردات: نمط (pattern)

- **النمط** عبارة عن مثلث، دائرة، مثلث، دائرة، مثلث.
- الشكل التالي في النمط هو الدائرة.

BÀI 3·1 Mô Hình Thị Giác

Tìm hiểu và phát triển những mô hình thị giác.

Từ Vựng: mô hình (pattern)

- **Mô hình** là hình tam giác, hình tròn, hình tam giác, hình tròn, hình tam giác.
- Hình kế tiếp trong mô hình là hình tròn.

ZAJ LUS QHIA 3·1 Cov Seem Duab Ntsia Pom

Tshawb kawm thiab paub xyuas cov seem duab ntsia pom.

Lo Lus: Tus seem (pattern)

- **Tus seem** ces yog cov nyob raws chaw xws li lub duab peb ceg, lub vojvoog, lub duab peb ceg, lub vojvoog, lub duab peb ceg,
- Tus seem ntxiv tauj tom ntej ces rov yog lub vojvoog.

3·1 課 視覺規律

探索和延伸視覺規律。

辭彙：規律 (pattern)

- 這個**規律**是三角形，圓形，三角形，圓形，三角形。
- 這個規律中的下一個圖形是圓形。

LESSON 3·2 Even and Odd Number Patterns

Explore even and odd number patterns.

Vocabulary: even number (ˈē-vən ˈnəm-bər) • **odd number** (ˈäd ˈnəm-bər)

Even numbers have 0, 2, 4, 6, or 8 in the ones place.

4 is an even number.

Odd numbers have 1, 3, 5, 7, or 9 in the ones place.

5 is an odd number.

English ◆ English

LECCIÓN 3·2 Patrones de números pares e impares

Explora los patrones de números pares e impares.

Vocabulario: número par (even number) • **número impar** (odd number)

Los **números pares** tienen 0, 2, 4, 6 u 8 en el lugar de la unidad.

4 es un número par.

Los **números impares** tienen 1, 3, 5, 7 ó 9 en el lugar de la unidad.

5 es un número impar.

Spanish ◆ Español

الدرس 2·3 أنماط الأعداد الزوجية والفردية

تعرّف على أنماط الأعداد الزوجية والفردية.

المفردات: عدد زوجي (even number) • عدد فردي (odd number)

الأعداد الزوجية تحتوي على الأعداد 0 أو 2 أو 4 أو 6 أو 8 في خانة الأحاد.

4 رقم زوجي.

الأعداد الفردية تحتوي على الأعداد 1 أو 3 أو 5 أو 7 أو 9 في خانة الأحاد.

5 رقم فردي.

Arabic ◆ عربي

3·2 BÀI Mô Hình Số Chẵn và Số Lẻ

Tìm hiểu những mô hình số chẵn và số lẻ.

Từ Vựng: số chẵn (even number) • **số lẻ** (odd number)

Số chẵn có số 0, 2, 4, 6, hoặc 8 ở hàng đơn vị.

4 là một số chẵn.

Số lẻ có số 1, 3, 5, 7, hoặc 9 ở hàng đơn vị.

5 là một số lẻ.

ZAJ LUS QHIA 3·2 Cov Nabnpawb Khub thiab Khib Ua Seem

Tshawb kawm txog cov nabnpawb khub thiab khib ua seem.

Lo Lus: Nabnpawb khub (even number) • **Nabnpawb khib** (odd number)

Nabnpawb khub yog 0, 2, 4, 6 lossis 8 rau tus leb nyob rau qhov chaw ib.

4 yog tus nabnpawb khub.

Nabnpawb khib yog 1, 3, 5, 7, lossis 9 rau tus leb nyob rau qhov chaw ib.

5 yog tus nabnpawb khib.

3·2 課 偶數和奇數的數字規律

探索偶數和奇數的數字規律。

辭彙：偶數 (even number) • **奇數** (odd number)

偶數的個位數字是 0、2、4、6 或 8。

4 是一個偶數。

奇數的個位數字是 1、3、5、7 或 9。

5 是一個奇數。

LESSON 3·3 Number-Grid Patterns

Explore skip-counting patterns on the number grid.

Vocabulary: skip counting ('skip 'kaůnt-iŋ)
column ('kä-ləm)
row ('rō)

The dark boxes are even numbers.
The light boxes are odd numbers.

									0
1	2	3	4	5	6	7	8	9	10
11	12	13	14	15	16	17	18	19	20
21	22	23	24	25	26	27	28	29	30
31	32	33	34	35	36	37	38	39	40

LECCIÓN 3·3 Patrones de cuadrículas numéricas

Explora patrones de conteo salteado en la cuadrícula.

Vocabulario: conteo salteado (skip counting)
columna (column)
fila (row)

Los casilleros oscuros son números pares.
Los casilleros claros son números impares.

									0
1	2	3	4	5	6	7	8	9	10
11	12	13	14	15	16	17	18	19	20
21	22	23	24	25	26	27	28	29	30
31	32	33	34	35	36	37	38	39	40

الدرس 3·3 أنماط مربعات الأعداد

تعرّف على أنماط قفز الأعداد على مربعات الأعداد.

المفردات: قفز الأعداد (skip counting)
عمود (column)
صف (row)

المربعات غامق تحتوي على الأعداد الزوجية.
المربعات فاتح تحتوي على الأعداد الفردية.

									0
1	2	3	4	5	6	7	8	9	10
11	12	13	14	15	16	17	18	19	20
21	22	23	24	25	26	27	28	29	30
31	32	33	34	35	36	37	38	39	40

Mô Hình Khung Số

Tìm hiểu những mô hình đếm nhảy số trên khung số.

Từ Vựng: đếm nhảy số (skip counting)
cột (column)
hàng (row)

Những khung màu đậm là những số chẵn.
Những khung màu nhạt là những số lẻ.

									0
1	2	3	4	5	6	7	8	9	10
11	12	13	14	15	16	17	18	19	20
21	22	23	24	25	26	27	28	29	30
31	32	33	34	35	36	37	38	39	40

Lub Rooj-Duab Leb Muaj Kab Muaj Kem Ua Seem

Tshawb kawm txog kam suav cov nabnpawb dhia hla hauv lub
rooj duab nabnpawb.

Lo Lus: Suav dhia hla (skip counting)
Kem sawv ntsug (column)
Kem rov tav (row)

Cov kem xim tsaus yog cov nabnpawb khub.
Cov kem xim kaj yog cov nabnpawb khib.

									0
1	2	3	4	5	6	7	8	9	10
11	12	13	14	15	16	17	18	19	20
21	22	23	24	25	26	27	28	29	30
31	32	33	34	35	36	37	38	39	40

數字網格規律

探索數字網格上的跳數規律。

辭彙：跳躍計數 (skip counting)
列 (column)
行 (row)

深色方格都是偶數。
淺色方格都是奇數。

									0
1	2	3	4	5	6	7	8	9	10
11	12	13	14	15	16	17	18	19	20
21	22	23	24	25	26	27	28	29	30
31	32	33	34	35	36	37	38	39	40

EXPLORATIONS: Exploring Number Patterns, Shapes, and Patterns

LESSON 3·4

Identify even and odd numbers. Cover shapes with pattern blocks. Create and continue repeating patterns.

Even Numbers	Odd Numbers
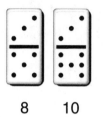	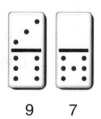
8 10	9 7

English ◆ English

EXPLORACIONES: Exploración de patrones numéricos, formas y patrones

LECCIÓN 3·4

Identifica números pares e impares. Cubre formas con bloques de patrones. Crea y sigue repitiendo patrones.

Números pares	Números impares
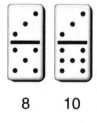	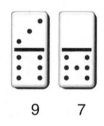
8 10	9 7

Spanish ◆ Español

الدرس 4·3

استكشافات: التعرّف على أنماط الأعداد والأشكال والنماذج

حدّد الأعداد الزوجية والفردية وغط الأشكال بقوالب الأنماط وقم بابتكار نماذج جديدة واستمر في تكرارها.

أعداد فردية	أعداد زوجية
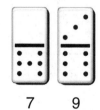	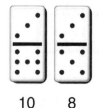
7 9	10 8

Arabic ◆ عربي

KHÁM PHÁ: Tìm Hiểu Những Mô Hình Số, Hình Dạng, và Mô Hình

Nhận diện số chẵn và số lẻ. Che phủ những hình dáng bằng những khối mô hình. Thiết lập và tiếp tục mô hình trùng lập.

Số chẵn

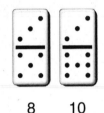

8   10

Số lẻ

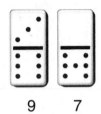

9   7

KAM TSAWB KAWM: Kam Tshawb Kawm Cov Nabnpawb Raws Seem, Cov Cev Duab, thiab Cov Seem

Qhia txog cov nabnpawb khub thiab khib. Siv cov tog ntoo lossis tog rojhmab zoo muaj seem npog cov cev duab. Kawm ua kom zoo raws li seem mus ntxiv.

Nabnpawb Khub

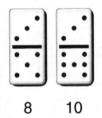

8   10

Nabnpawb Khib

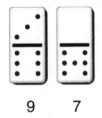

9   7

探索：探索數字規律、圖形和規律

找出偶數和奇數。用圖樣塊覆蓋圖形。構造並繼續重復圖樣。

偶數

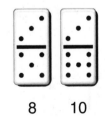

8   10

奇數

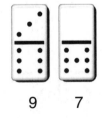

9   7

LESSON 3·5 Counting on the Number Line

Count on the number line.

Vocabulary: number line ('nəm-bər 'līn)
negative number ('ne-gə-tiv 'nəm-bər)

Count up from 0 by 2s on the **number line**.

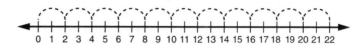

LECCIÓN 3·5 Conteo en la línea numérica

Cuenta en la línea numérica.

Vocabulario: línea numérica (number line)
número negativo (negative number)

Cuenta hacia adelante desde 0 y cuenta de 2 en 2 en la **línea numérica**.

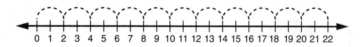

الدرس 5·3 العد على خط الأعداد

قم بالعد على خط الأعداد

المفردات: خط الأعداد (number line)
رقم سالب (negative number)

قم بالعد من 0 واقفز كل 2 على **خط الأعداد**.

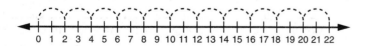

Đếm Trên Dãy Số

Đếm trên dãy số.

**Từ Vựng: dãy số (number line)
số âm (negative number)**

Đếm lên theo bậc 2 từ số 0
trên **dãy số.**

Suav Raws Txoj Kab Ntawv Nabnpawb

Suav raws txoj kab ntawv nabnpawb.

**Lo Lus: Txoj kab ntawv nabnpawb (number line)
Yau Tshaj Xum (negative number)**

Suav raws **txoj kab ntawv
nabnpawb** txij ntawm 0 nce
mus ib zaug twg tshaj li 2.

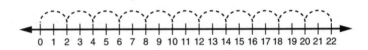

在數軸上計數

在數軸上計數。

**辭彙：數軸 (number line)
負數 (negative number)**

在**數軸**上數數，從 0 開始，每次加 2。

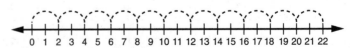

LESSON 3·6 Adding and Subtracting on the Number Line

Use the number line to solve addition and subtraction problems.

8 + 3 = __

Start at 8. Count up 3 hops. Land on 11.

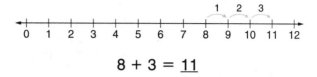

$$8 + 3 = \underline{11}$$

LECCIÓN 3·6 Suma y resta en la línea numérica

Usa la línea numérica para resolver problemas de suma y resta.

8 + 3 = __

Comienza en 8. Cuenta 3 saltos hacia adelante. Detente en 11.

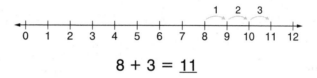

$$8 + 3 = \underline{11}$$

الجمع والطرح على خط الأعداد الدرس 6·3

استخدم خط الأعداد لحل مسائل الجمع والطرح.

__ = 3 + 8

ابدأ برقم 8 وقم بعدّ ثلاث قفزات. قف عند الرقم 11.

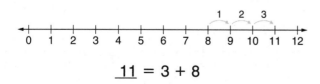

$$\underline{11} = 3 + 8$$

BÀI 3·6

Cộng và Trừ trên Dãy Số

Dùng dãy số để giải đáp những bài toán cộng và trừ.

8 + 3 = ___

Bắt đầu từ số 8. Đếm nhảy 3 bậc. Dừng lại ở số 11.

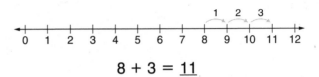

8 + 3 = <u>11</u>

ZAJ LUS QHIA 3·6

Kam Muab Sib-Ntxiv thiab Sib Luv-Tawm Raws Txoj Kab Ntawv Nabnpawb

Siv txoj kab ntawv nabnpawb los mus ua cov leb sib ntxiv thiab sib luv tawm.

8 + 3 = ___

Pib ntawm tus leb 8. Suav nce 3 theem. Poob ncaj rau 11.

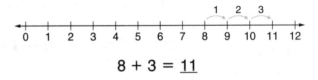

8 + 3 = <u>11</u>

3·6 課

在數軸上做加法和減法

用數軸來解答加法和減法問題。

8 + 3 = ___

從 8 開始，向前走 3 格，你會停在 11 上。

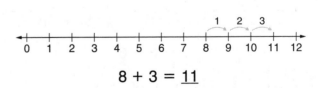

8 + 3 = <u>11</u>

Telling Time to the Half-Hour

LESSON 3·7

Tell time to the hour and half-hour.

Vocabulary: half-past (the hour) ('haf 'past (thē 'au̇(-ə)r))

At **half-past the hour**, the minute hand points straight down.

half-past 12 o'clock

Lectura de las medias horas

LECCIÓN 3·7

Di la hora en horas completas y medias horas.

Vocabulario: (hora) y media (half-past (the hour))

A la **media hora**, el minutero apunta hacia abajo.

12 y media

معرفة الوقت بالنصف ساعة

الدرس 7·3

تعرّف على كيفية إخبار الوقت بالساعة والنصف ساعة.

المفردات: (الساعة) والنصف ((half-past (the hour))

عندما تزيد نصف ساعة على الساعة، يشير عقرب الدقائق إلى أسفل باستقامة.

الساعة الثانية عشرة والنصف

English ◆ English

Spanish ◆ Español

عربي ◆ Arabic

BÀI 3·7 — Đọc Thời Gian Theo Nửa Giờ

Đọc thời gian theo giờ và nửa giờ.

Từ Vựng: nửa giờ hơn (giờ) (half-past (the hour))

Ở **mỗi nửa giờ**, kim chỉ phút chỉ thẳng xuống phía dưới.

12 giờ rưỡi

ZAJ LUS QHIA 3·7 — Qhia Sijhawm Txog Ntawm Ib-Kheeb-Moo

Qhia sijhawm txog xuab-moo thiab ib kheeb-moo.

Lo Lus: ib kheeb-moo tshaj (xuab-moo) (half-past (the hour))

Sijhawm **ib kheeb-moo tshaj qhov xuab-moo**,
tus tes nas-this taw ncaj ncaj rov hauv.

Ib kheeb-moo tshaj 12 moo

3·7課 — 說出半點的時間

說出整點和半點的時間。

辭彙：半點 (half-past (the hour))

在**半點**的時候，分針垂直向下指。

12 點半

LESSON 3·8 — Introduction to the Frames-and-Arrows Routine

Learn about the Frames-and-Arrows routine.

Vocabulary: Frames-and-Arrows diagram
('frāms ən(d) 'er-(ˌ)ōs 'dī-ə-ˌgram) •
frame ('frām) • **arrow** ('er-(ˌ)ō) •
arrow rule ('er-(ˌ)ō 'rül)

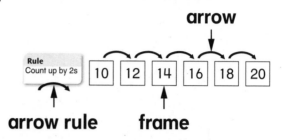

arrow

Rule
Count up by 2s

| 10 | 12 | 14 | 16 | 18 | 20 |

arrow rule   frame

English ◆ English

LECCIÓN 3·8 — Introducción a la rutina de marcos y flechas

Aprende la rutina de marcos y flechas.

Vocabulario: diagrama de marcos y flechas
(Frames-and-Arrows diagram) •
marco (frame) • flecha (arrow) •
regla sobre flechas (arrow rule)

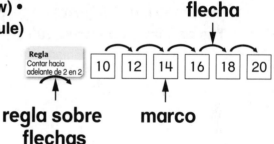

flecha

Regla
Contar hacia
adelante de 2 en 2

| 10 | 12 | 14 | 16 | 18 | 20 |

regla sobre
flechas   marco

Spanish ◆ Español

الدرس 3·8 — مقدمة لطريقة الإطارات والأسهم

تعرّف على طريقة الإطارات والأسهم.

المفردات: مخطط الإطارات والأسهم (Frames-and-Arrows diagram) •
إطار (frame) • سهم (arrow) • قاعدة السهم (arrow rule)

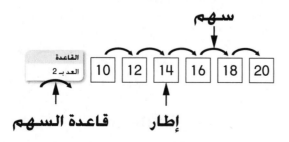

سهم

القاعدة
العدّ بـ 2

| 10 | 12 | 14 | 16 | 18 | 20 |

قاعدة السهم   إطار

Arabic ◆ عربي

Giới Thiệu Bài Tập Khung và Mũi Tên

Tìm hiểu về bài tập Khung-Và-Mũi-Tên.

Từ Vựng: biểu đồ Khung-và-Mũi-Tên (Frames-and-Arrows diagram) •
khung (frame) • mũi tên (arrow) • qui luật của mũi tên
(arrow rule)

Vietnamese ◆ Tiếng Việt

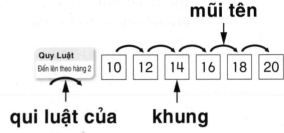

mũi tên

Quy Luật
Đến lên theo hàng 2

10 12 14 16 18 20

qui luật của   khung

Qhia Txog Kauj-Duab thiab Hau-Xub Siv Mus Mus Los Los

Kawm txog cov Kauj Duab thiab Hau Xub siv mus mus los los.

Lo Lus: Daim duab qhia txog Kauj Duab thiab Hau-Xub
(Frames-and-Arrows diagram) • Kauj- duab
(frame) • Hau-xub (arrow) •
Tus cai hau-xub (arrow rule)

Hmong ◆ Hmoob

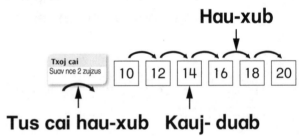

Hau-xub

Txoj cai
Suav nce 2 zujzus

10 12 14 16 18 20

Tus cai hau-xub   Kauj- duab

『方框與箭頭』方法入門

學習『方框與箭頭』方法。

辭彙: 『方框與箭頭』圖解 (Frames-and-Arrows diagram) • 方框 (frame)
箭頭 (arrow) • 箭頭法則 (arrow rule)

Traditional Chinese ◆ 中文

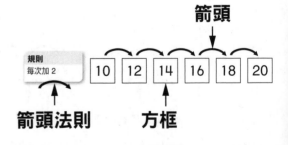

箭頭

規則
每次加 2

10 12 14 16 18 20

箭頭法則   方框

**LESSON
3·9**

More Frames-and-Arrows Problems

Find a missing "arrow rule" in a Frames-and-Arrows problem.

Guess the rule. Then check to see if it works.

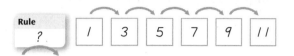

A possible arrow rule is: Count up by 2s.

**LECCIÓN
3·9**

Más problemas de marcos y flechas

Encuentra una "regla sobre flechas" faltante en un problema de marcos y flechas.

Adivina cuál es la regla. Luego verifica si funciona.

Una regla sobre flechas puede ser: contar hacia adelante de 2 en 2.

**الدرس
9·3**

المزيد من مسائل الإطارات والأسهم

اكتشف "قاعدة سهم" مفقودة من مسألة الإطارات والأسهم

خمّن القاعدة. ثم تأكد من صحتها.

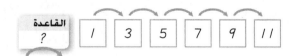

أحد قواعد الأسهم المحتملة هي: العد بجمع 2 في كل مرة.

BÀI 3·9 Thêm Những Bài Tập Khung-và-Mũi-Tên

Tìm một "qui luật của mũi tên" thiếu sót trong Bài Tập Khung-Và-Mũi-Tên.

Hãy đoán qui luật đó trước. Rồi kiểm tra xem qui luật đó có đúng hay không.

Quy Luật
?

| 1 | 3 | 5 | 7 | 9 | 11 |

Một qui luật mũi tên rất có khả năng là: Đếm lên theo hàng 2.

ZAJ LUS QHIA 3·9 Cov Leb Siv Kauj-Duab thiab Hau-Xub Ua

Nyob rau hauv daim duab siv kauj-duab thiab hau-xub qhia, nrhiav saib qhov ploj lawm ntawd yog dab tsi "siv hau-xub txoj cai pab".

Kwv yees saib txoj cai yog siv li cas. Ces muab ua xyuas saib puas yog raws li xav.

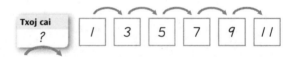

Txoj cai
?

| 1 | 3 | 5 | 7 | 9 | 11 |

Tejzaum tus cai hau-xub kuj qhia tias: Suav nce ib zaug twg 2 zujzus.

3·9 課 更多的『方框與箭頭』問題

找出一個『方框與箭頭』問題中缺失的『箭頭法則』

猜法則，然後檢驗自己的猜測，看看它是否正確。

規則
?

| 1 | 3 | 5 | 7 | 9 | 11 |

一個可能的箭頭法則是：加 2 計數。

Counting with a Calculator

Count up and back on a calculator.

Vocabulary: calculator ('kal-kyə-ˌlā-tər) • **key** ('kē) • **display** (di-'splā) •
program ('prō-ˌgram) • **press** ('pres)

Press 1. Press 4.   Press ➕ 2 ➡ .   Press ➡ .

Cuentas con calculadora

Cuenta hacia adelante y al revés con una calculadora.

Vocabulario: calculadora (calculator) • **tecla** (key) • **pantalla** (display) •
programa (program) • **presionar** (press)

Presiona 1. Presiona 4.   Presiona ➕ 2 ➡ .   Presiona ➡ .

العدّ باستخدام الآلة الحاسبة

قم بالعدّ التصاعدي والتنازلي على الآلة الحاسبة

المفردات: آلة حاسبة (calculator) • مفتاح (key) • عرض (display) •
برنامج (program) • اضغط (press)

اضغط 1. اضغط 4.   اضغط ➕ 2 ➡ .   اضغط ➡ .

BÀI 3·10 — Đếm bằng Máy Tính

Đếm lên và đếm xuống trên một máy tính.

Từ Vựng: máy tính (calculator) • phím (key) • màn hình (display) • chương trình (program) • nhấn nút (press)

Nhấn số 1. Nhấn số 4.

Nhấn 2 .

Nhấn .

ZAJ LUS QHIA 3·10 — Siv Kas-Kus-Las-Tawj Suav

Siv kas-kus-las-tawj suav nce thiab rov qab.

Lo Lus: Kas-kus-las-tawj (calculator) • cov txiv-qaum nyem leb (key) • Sau tawm (display) • txoj kabkev ua (program) • nyem (press)

Nyem 1. Nyem 4

Nyem 2 .

Nyem .

3·10 課 — 用計算器計數

在計算器上正數和倒數。

辭彙：計算器 (calculator) • 鍵 (key) • 顯示 (display) • 程式 (program) • 按 (press)

按 1。按 4。

按 2 。

按 。

LESSON 3·11 — Dimes

Learn about dimes. Exchange pennies, nickels, and dimes.

Vocabulary: dime ('dīm) • **decimal point** ('de-sə-məl 'póint) •
dollars-and-cents notation ('dä-lərs ən(d) 'sents nō-'tā-shən)

12 **dimes**

120 cents = $1.20

dollar sign   **decimal point**

LECCIÓN 3·11 — Dimes

Aprende acerca de las monedas de 10 centavos o *dimes*.
Cambia *pennies*, *nickels* y *dimes*.

Vocabulario: *dime* (dime) • **punto decimal** (decimal point) •
representación de dólares y centavos
(dollars-and-cents notation)

12 *dimes*

120 centavos = $1.20

símbolo del dólar   **punto decimal**

الدرس 11·3 — عملات العشـرة سنتات

تعرّف على عملات العشرة سنتات. استبدل عملات البنسات والخمسة سنتات والعشرة سنتات.

المفردات: عملات العشرة سنتات (dime) • العلامة العشرية (decimal point) •
رموز الدولارات والسنتات (dollars-and-cents notation) •

12 عملة عشر سنتات

120 سنت = $1,20

علامة عشرية   رمز الدولار

BÀI 3·11 Những Đồng Mười Xu

Tìm hiểu về những đồng mười xu. Đổi những đồng một xu, đồng năm xu, và đồng mười xu.

Từ Vựng: đồng mười xu (dime)• dấu thập phân (decimal point) • ký hiệu đồng-và-xu (dollars-and-cents notation)

120 xu = $1.20

↑ ↑

ký hiệu đồng **dấu thập phân**

12 **đồng mười xu**

ZAJ LUS QHIA 3·11 Npib Kaum-xees (Dime)

Kawm txog cov npib kaum-xees. Muab cov npib liab, npib niv-kaum, thiab npib kaum-xees coj los sib pauv.

Lo Lus: Lub npib kaum-xees (dime) • Lub qe-qaum des-xis-maus (decimal point) • Tus cim nyiaj rau duas-las thiab xees (dollars-and-cents notation)

120 xees = $1.20

↑ ↑

Cim rau duas-las **Qe-qaum des-xis-maus**

12 **lub dais**

3·11 課 十美分硬幣

認識十美分硬幣；兌換一美分硬幣、五美分硬幣和十美分硬幣。

辭彙：十美分硬幣 (dime) • 小數點 (decimal point) • 美元和美分標記 (dollars-and-cents notation)

120 美分 = $1.20

↑ ↑

美元符號 **小數點**

12 個十美分硬幣

Counting Dimes, Nickels, and Pennies

Find the values of collections of dimes, nickels, and pennies.

        46¢

10¢ 20¢ 30¢ 40¢ 45¢ 46¢

Conteo de dimes, nickels y pennies

Calcula los valores de conjuntos de *dimes*, *nickels* y *pennies*.

        46¢

10¢ 20¢ 30¢ 40¢ 45¢ 46¢

عدّ عملات العشرة سنتات والخمسة سنتات والبنسات

أوجد قيمة مجموعة من عملات العشرة سنتات والخمسة سنتات والبنسات.

        ¢46

¢10 ¢20 ¢30 ¢40 ¢45 ¢46

BÀI 3·12

Đếm Những Đồng Mười Xu, Đồng Năm Xu, và Đồng Một Xu

Tìm giá trị của những tập hợp gồm những đồng mười xu, đồng năm xu, và đồng một xu.

     46¢

10¢ 20¢ 30¢ 40¢ 45¢ 46¢

ZAJ LUS QHIA 3·12

Suav Npib Kaum-Xees, Niv-Kaum, thiab Npib-Liab

Nrhiav cov nqi ntawm cov npib kaum-xees, niv-kaum, thiab npib-liab tseg tau los.

     46¢

10¢ 20¢ 30¢ 40¢ 45¢ 46¢

3·12 課

數十美分硬幣、五美分硬幣和一美分硬幣

確定幾個十美分硬幣、五美分硬幣和一美分硬幣加起來的幣值。

     46 美分

10 美分　20 美分　30 美分　40 美分　45 美分　46 美分

LESSON 3·13 — Data Day

Use a line plot.

Vocabulary: line plot ('līn 'plät)

A **line plot** helps you compare data easily.

Most of the children have 1 sibling.

```
                          x
              Number      x   x
                of        x   x
              Children x   x   x
                       x   x   x       x
                       ─────────────────
                       0   1   2   3   4
                      Number of Siblings
```

LECCIÓN 3·13 — Día de datos

Usa un diagrama de puntos.

Vocabulario: diagrama de puntos (line plot)

La **diagrama de puntos** te ayuda a comparar los datos fácilmente.

La mayoría de los niños tiene 1 hermano o hermana.

```
                          x
              Número      x   x
                de        x   x
              niños    x   x   x
                       x   x   x       x
                       ─────────────────
                       0   1   2   3   4
                      Número de hermanos
```

الدرس 13·3 — يوم المعطيات

استخدم رسمًا بيانيًا خطيًا.

يساعدك **الرسم البياني الخطي** على مقارنة المعطيات بسهولة.

معظم الأطفال لديهم أخ واحد أو أخت واحدة.

```
                          x
              عدد         x   x
              الأطفال     x   x
                       x   x   x
                       x   x   x       x
                       ─────────────────
                       0   1   2   3   4
                         عدد الأخوة
```

BÀI 3·13

Ngày Số Liệu

Dùng đường đồ thị.

Từ Vựng: đường đồ thị (line plot)

Đường đồ thị giúp các em so sánh số liệu một cách dễ dàng.

Hầu hết trẻ nhỏ đều có 1 người anh chị em.

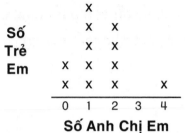

```
             x
          x  x
          x  x
       x  x  x
       x  x  x        x
      ┌──────────────────
       0  1  2  3  4
```

Số Trẻ Em

Số Anh Chị Em

ZAJ LUS QHIA 3·13

Hnub Kawm Txog Deb-Tas

Siv txoj kab sau ua leb.

Lo Lus: Txoj kab sau ua leb (line plot)

Txoj **kab sau ua leb** pab koj muab cov deb-tas sib piv kom pom tau yoojyim.

Menyuam feem coob muaj 1 tug nus-muag.

```
             x
          x  x
          x  x
       x  x  x
       x  x  x        x
      ┌──────────────────
       0  1  2  3  4
```

Nabnpawb Menyuam Kawmntawv

Nabnpawb Ntawm Cov Nus-Muag

3·13 課

數據日

使用數軸記號圖。

辭彙：數軸記號圖 (line plot)

數軸記號圖可以幫助你輕鬆地比較數據。

大多數的孩子有一個兄弟姐妹。

```
             x
          x  x
          x  x
       x  x  x
       x  x  x        x
      ┌──────────────────
       0  1  2  3  4
```

孩子的人數

兄弟姐妹的人數

Domino Addition

Use domino dots to practice basic addition facts.

Vocabulary: basic facts ('bā-sik 'fakts)

What is the total number of dots on both parts of this domino?

3 + 5 is a **basic fact**.

Total	
8	
Part	Part
3	5

Suma mediante dominó

Usa los puntos de las fichas de un dominó para practicar sumas básicas.

Vocabulario: operaciones básicas (basic facts)

¿Cuál es la cantidad total de puntos en ambas partes de este dominó?

3 + 5 es una **operación básica**.

Total	
8	
Parte	Parte
3	5

الجمع باستخدام قطع الدومينو

الدرس 14·3

استخدم النقاط الموجودة على قطع الدومينو للتدرب على مسائل الجمع الأساسية.

المفردات: مسائل أساسية (basic facts)

ما هو حاصل جمع النقاط الموجودة على جانبي هذه القطعة من الدومينو؟

5 + 3 مسألة أساسية.

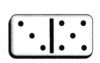

الكل	
8	
الجزء	الجزء
3	5

BÀI 3·14

Cộng Các Chấm Đôminô

Dùng những chấm đôminô để thực tập những bài toán cộng căn bản.

Từ Vựng: phép tính căn bản (basic facts)

Tổng số chấm trên cả hai phần của thẻ đôminô này là bao nhiêu?

3 + 5 là một **phép tính căn bản**.

Tổng Số	
8	
Phần	Phần
3	5

ZAJ LUS QHIA 3·14

Daus-Mis-Nauv Sib Ntxiv

Siv cov teev dubdub ntawm daim daus-mis-nauv coj los xyaum ua leb sib ntxiv (basic facts).

Lo Lus: Kev qhia ua leb (basic facts)

Muab cov teev dubdub nyob ob tog ntawm daim daus-mis-nauv sib ntxiv uake tag nrho muaj pes tsawg?

3 + 5 yog **kev qhia ua leb**.

Tag Nrho	
8	
Ib Qho	Ib Qho
3	5

3·14 課

多米諾加法

用多米諾骨牌上的圓點來練習基本的加法口訣。

辭彙：基本口訣 (basic facts)

這個多米諾骨牌的兩部分上總共有多少個圓點？

3+5=8 是一個**基本口訣**。

總數	
8	
部分	部分
3	5

LESSON 4·1

Math Message and Reading a Thermometer

Learn about the Math Message routine. Read temperatures to the nearest 2 degrees.

Vocabulary: Math Message ('math 'me-sij) • **thermometer** (thə(r)-'mä-mə-tər) • **degree** (di-'grē) • **Fahrenheit** ('fer-ən-ˌhīt) • **temperature** ('tem-pə(r)-chür)

For the daily **Math Message:**
• Look for the Math Message and complete the task.
• Record your answers.
• Hand in your work.

 LECCIÓN 4·1

Mensaje matemático y lectura de termómetro

Aprende acerca de la rutina de mensajes matemáticos. Lee la temperatura a los 2 grados más cercanos.

Vocabulario: mensaje matemático (Math Message) • **termómetro** (thermometer) • **grado** (degree) • **Fahrenheit** (Fahrenheit) • **temperatura** (temperature)

Con respecto al **mensaje matemático** diario:
• Busca el mensaje matemático y completa la actividad.
• Anota tus respuestas.
• Entrega tu trabajo.

 الدرس 4·1

الأنشطة الحسابية التمهيدية وقراءة ميزان الحرارة

تعرّف على نظام الأنشطة الحسابية التمهيدية. اقرأ درجة الحرارة لأقرب درجتين.

المفردات: أنشطة حسابية تمهيدية (Math Message) • ميزان الحرارة (thermometer) • درجة (degree) • فهرنهايت (Fahrenheit) • درجة حرارة (temperature)

الأمور الواجب مراعاتها في الأنشطة الحسابية التمهيدية اليومية:
• ابحث عن الأنشطة الحسابية التمهيدية وأكمل المهمة.
• سجل إجاباتك.
• قم بتسليم واجبك.

BÀI 4·1 Thông Tin Toán Học và Cách Đọc Nhiệt Kế

Tìm hiểu Bài Tập Về Thông Tin Toán Học. Đọc các nhiệt độ xê xích gần nhất là 2 độ

Từ Vựng: Thông Tin Toán Học (Math Message) • Nhiệt Kế (thermometer) • độ (degree) • độ F (Fahrenheit) • nhiệt độ (temperature)

Bài tập dành cho **Thông Tin Toán Học** hằng ngày:
• Tìm Thông Tin Toán Học và làm bài tập.
• Ghi lại câu trả lời của các em.
• Nộp bài tập của các em.

ZAJ LUS QHIA 4·1 Lus Tshaj Tawm Txog Leb thiab Kam Kawm Nyeem Rab Teev Ntsuas Kub thiab Txias

Kawm txog tej Lus Tshaj Tawm Txog Leb niajhnub siv. Nyeem qhov kub siab kub qis uas ze tshaj plaws rau 2 dis-nklis.

Lo Lus: Lus Tshaj Tawm Txog Leb (Math Message) • Rab teev ntsuas kub thiab txias (thermometer) • Dis-nklis (degree) • Fas-lees-haij (Fahrenheit) • Qhov Kub Siab Kub Qis (temperature)

Cov **Lus Tshaj Tawm Txog Leb** niajhnub siv:
• Xyuas ntawm Cov Lus Tshaj Tawm Txog Leb, es ua cov haujlwm ntawd.
• Sau cov lus paub txog ntawd cia tseg.
• Muab cov haujlwm ua tiav xa rau tus xibfwb.

4·1 課 數學資訊和溫度計讀數

學習數學資訊日常活動。讀取溫度計的讀數，準確到2度。

辭彙：數學資訊 (Math Message) • 溫度計 (thermometer) • 度 (degree) • 華氏溫標 (Fahrenheit) • 溫度 (temperature)

對於每天的**數學資訊**你應遵循的原則：
• 尋找數學資訊並完成相應的任務。
• 記錄你的答案。
• 交作業。

Nonstandard Linear Measures

Measure and compare lengths using nonstandard units.

Vocabulary: unit ('yü-nət) • **measure** ('me-zhər) • **length** ('leŋ(k)th) • **digit** ('di-jət) • **hand** ('hand) • **hand span** ('hand 'span) • **yard** (yärd) • **arm span** ('ärm 'span) • **cubit** ('kyü-bət) • **nonstandard** (('))nän-'stan-dərd)

arm span   hand span

English ◆ English

Medidas lineales no estándares

Mide y compara las longitudes mediante unidades no estándares.

Vocabulario: unidad (unit) • **medir** (measure) • **longitud** (length) • **dígito** (digit) • **mano** (hand) • **cuarta** (hand span) • **yarda** (yard) • **braza** (arm span) • **codo** (cubit) • **no estándar** (nonstandard)

braza   cuarta

Spanish ◆ Español

مقاييس الطول غير القياسية

قم بقياس الأطوال وقارن بينها باستخدام وحدات قياس غير قياسية.

المفردات: وحدة (unit) • قياس (measure) • طول (length) • رقم (digit) • يد (hand) • شِبر (hand span) • ياردة (yard) • طول الذراع (arm span) • ذراع (cubit) • غير قياسي (nonstandard)

شِبر   طول الذراع

Arabic ◆ عربي

BÀI 4·2 — Những Đơn Vị Đo Chiều Dài Không theo Tiêu Chuẩn

Đo và so sánh chiều dài bằng những đơn vị bất tiêu chuẩn.

Từ Vựng: đơn vị (unit) • đo (measure) • chiều dài (length) • số (digit) • bàn tay (hand) • chiều dài bàn tay (hand span) • thước Anh (yard) • sải tay (arm span) • đơn vị cubit (cubit) • Không theo tiêu chuẩn (nonstandard)

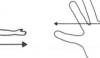

sải tay   chiều dài bàn tay

ZAJ LUS QHIA 4·2 — Cov Khoom Ntsuas Txoj Kab Uas Tsis Yog Txhua Leej Siv

Siv cov khoom ntsuas uas tsis yog cov txhua leej siv coj los ntsuas thiab piv qhov-ntev.

Lo Lus: lb qho (unit) • ntsuas (measure) • qhov-ntev (length) • Tus leb (digit) • Tes (hand) • lb dos tes (hand span) • yaj (yard) • lb dag npab (arm span) • khis-ub-biv (cubit) • Tsis yog txhua leej siv (nonstandard)

lb dag npab   lb dos tes

4·2 課 — 非標準的長度單位

用非標準的單位測量和比較物體的長度。

辭彙： 單位 (unit) • 測量 (measure) • 長度 (length) • 一指寬 (digit) • 一掌寬 (hand) • 掌距 (hand span) • 碼 (yard) • 臂展 (arm span) • 腕尺 (cubit) • 非標準的 (nonstandard)

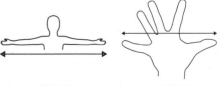

臂展   掌距

LESSON 4·3 — Personal "Foot" and Standard Foot

Measure with a nonstandard unit and with the standard foot.

Vocabulary: foot ('fu̇t) • **feet** ('fēt) • **standard foot** ('stan-dərd 'fu̇t) • **standard** ('stan-dərd)

You can use your **foot** to measure.
This measure is different for
different people.

You can use a **standard foot**
to measure.
This measure is the same
for everyone.

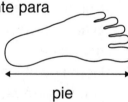

foot

English ◆ English

LECCIÓN 4·3 — "Pie" personal y pie estándar

Mide con una unidad no estándar y con un pie estándar.

Vocabulario: pie (foot) • **pies** (feet) • **pie estándar** (standard foot) • **estándar** (standard)

Puedes usar tu **pie** para medir.
Esta medida es diferente para
cada persona.

Puedes usar un **pie estándar**
para medir.
Esta medida es la misma
para todos.

pie

Spanish ◆ Español

الدرس 3·4 — "قدم" القياس الشخصية والقدم القياسية

قم بالقياس مستخدمًا وحدة قياس غير قياسية والقدم القياسية.

المفردات: قدم (foot) • أقدام (feet) • قدم قياسية (standard foot) • قياسي (standard)

بإمكانك استخدام القدم القياسية
للقياس.
هذا القياس ثابت مع جميع الأشخاص.

بإمكانك استخدام **قدمك** للقياس.
إلا أن هذا القياس سيختلف باختلاف
الأشخاص.

قدم

Arabic ◆ عربي

"Bàn Chân" Người và Đơn Vị Foot Tiêu Chuẩn

Vietnamese ◆ Tiếng Việt

Tìm hiểu bằng cách dùng khí cụ toán học để vẽ và đếm.

Từ Vựng: foot (foot) • feet (feet) • đơn vị foot tiêu chuẩn
(standard foot) • tiêu chuẩn (standard)

Các em có thể đo bằng **bàn chân** của mình.
Số đo này thay đổi theo từng người.

Các em có thể đo bằng **đơn vị foot tiêu chuẩn**.
Số đo này giống nhau cho mọi người.

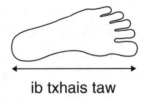

foot

Yus Tus Kheej "Txhais Taw" thiab Txhais Taw Rau Txhua Leej Siv

Hmong ◆ Hmoob

Siv tej yam khoom ntsuas uas tsis yog txhua leej siv thiab txhais
taw rau txhua leej siv coj los ntsuas.

Lo Lus: ib txhais taw (foot) • ob txhais taw (feet) • Txhais taw txhua
leej siv (standard foot) • siv rau txhua leej (standard)

Koj muaj cuabkav siv koj
txhais taw ntsuas.
Hom kev ntsuas no mas
zoo txawv ib tug neeg
rau ib tug.

Koj muaj cuabkav siv
**txhais taw rau txhua leej
siv** ntsuas.
Hom kev ntsuas no mas
zoo tib yam rau sawvdaws.

ib txhais taw

你的腳和標準的英尺

Traditional Chinese ◆ 中文

分別用一個非標準單位和標準英尺測量。

辭彙：腳 (foot) • 腳 (feet，腳的複數) • 標準英尺 (standard foot) •
標準 (standard)

你可以用自己的**腳**來測量。
這種測量標準是因人而異的。

你可以用**標準英尺**來測量。
這種測量標準對每個人來說都是一樣的。

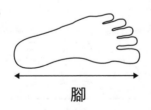

腳

The Inch

Identify the inch as a standard unit of length.

Measure to the nearest inch.

Vocabulary: inch ('inch) • **in.** ('in) • **nearest inch** ('nir-est 'inch)

When you measure, line up one end of the object with the 0-mark on the ruler.

The crayon is about 3 **inches** long.

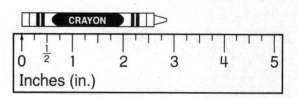

English ◆ English

La pulgada

Identifica la pulgada como una unidad de medida de longitud estándar. Mide a la pulgada más cercana.

Vocabulario: pulgada (inch) • **pulg** (in.)
pulgada más cercana (nearest inch)

Cuando midas, alinea un extremo del objeto con la marca 0 de la regla.

El crayón tiene más o menos 3 **pulgadas** de largo.

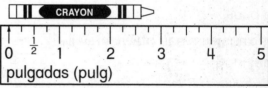

Spanish ◆ Español

البوصة

تعرّف على البوصة كوحدة قياس قياسية للطول.
قم بالقياس إلى أقرب قيمة للبوصة.

المفردات: بوصة (inch) • بوصة (.in) • أقرب قيمة للبوصة (nearest inch)

عند القياس، قم بمحاذاة أحد طرفي الشيء
المراد قياسه مع رقم 0 على المسطرة.
يصل طول قلم الطباشير نحو 3 بوصة.

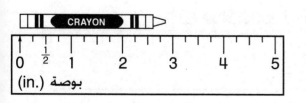

Arabic ◆ عربي

Đơn Vị Inch (Phân Anh)

BÀI 4·4

Xác định inch là một đơn vị tiêu chuẩn đo chiều dài.

Đo ở đơn vị nhỏ nhất là inch.

Từ Vựng: inch (inch) • in. (in.) • đơn vị inch nhỏ nhất (nearest inch)

Khi các em đo, hãy kê một đầu của đồ vật thẳng hàng với dấu 0 trên thước đo.

Cây bút chì màu dài khoảng 3 **inch.**

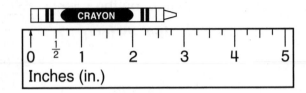

Ib Eej (Ib Taub-Teg)

ZAJ LUS QHIA 4·4

Muab eej siv ua qhov ntsuas uas txhua leej siv ntsuas qhov ntev.

Ntsuas kom ze tshaj rau ntawm qhov eej.

Lo Lus: Eej (inch) • in. (in.) • Ze tshaj rau ntawm qhov eej (nearest inch)

Thaum koj ntsuas, tso tus cim leb 0 ntawm tus pas ntsuas ncaj ncaj rau ntawm ib tog paus.

Tus xaum-xim sau ntawv ntev li 3 **eej.**

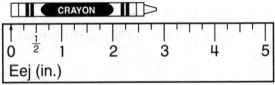

英寸

4·4 課

認識作為標準長度單位的英寸。測量長度，精確到英寸。

辭彙：英寸 (inch) • in.（英寸的縮寫）• 精確到英寸 (nearest inch)

在你測量的時候，要把物體的一端與尺子的 0 刻度線對齊。

這支蠟筆的長度大約是 3 **英寸。**

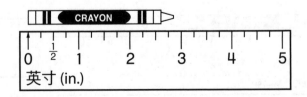

The 6-Inch Ruler

Estimate and measure the lengths of objects in inches.

Vocabulary: estimate ('es-tə-ˌmāt)
            line segment ('līn 'seg-mənt)

The **line segment** is about 4 inches long.

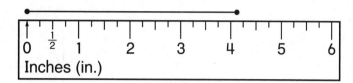

English ◆ English

La regla de 6 pulgadas

Estima y mide la longitud de los objetos en pulgadas.

Vocabulario: estimar (estimate)
            segmento de recta (line segment)

El **segmento de recta** tiene más o
menos 4 pulgadas de largo.

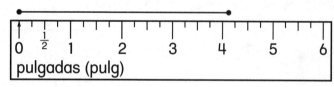

Spanish ◆ Español

المسطرة ذات الـ **6** بوصات

قم بتقدير أطوال الأشياء وقياسها بالبوصة.

المفردات: تقدير (estimate)
قطعة مستقيمة (line segment)

يصل طول القطعة المستقيمة إلى
حوالي 4 بوصات.

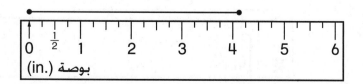

Arabic ◆ عربي

Unit 4   89

BÀI 4·5 — Thước Đo Dài 6-Inch

Ước tính và đo chiều dài của đồ vật bằng đơn vị inch.

Từ Vựng: ước tính (estimate)
đoạn thẳng (line segment)

Đoạn thẳng dài khoảng 4 inch.

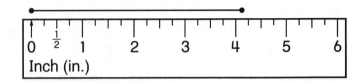

ZAJ LUS QHIA 4·5 — Tus Pas Ntsuas Ntev 6-Eej

Kwv yees saib ntev li cas, ces ntsuas saib qhov ntev ntawm cov khoom ntawd ntev pes ntsawg eej.

Lo Lus: Kwvyees (estimate)
Ib ya kab (line segment)

Ib ya kab no ntev thajtsam li 4 eej.

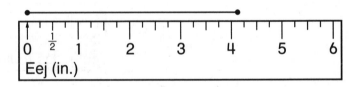

4·5 課 — 6 英寸直尺

以英寸為單位估計和測量物體的長度。

辭彙：估計 (estimate)
線段 (line segment)

這條**線段**的長度大約是 4 英寸。

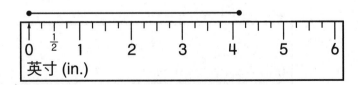

Measuring with a Tape Measure

LESSON 4·6

Use a tape measure to measure curved and flat objects in inches.

Vocabulary: tape measure ('tāp 'me-zhər)

This girl used a **tape measure**
to measure her head.

Medición con cinta para medir

LECCIÓN 4·6

Usa una cinta para medir objetos curvos y planos en pulgadas.

Vocabulario: cinta para medir (tape measure)

Esta niña empleó una **cinta**
para medir su cabeza.

الدرس 6·4

القياس باستخدام شريط القياس

استخدم شريط القياس لقياس الأشياء المسطحة والمنحنية بالبوصة.

المفردات: شريط القياس (tape measure)

استخدمت هذه الفتاة شريط قياس
لقياس رأسها.

BÀI 4·6
Đo Bằng Thước Dây

Dùng thước dây để đo những đồ vật cong và bằng phẳng bằng đơn vị inch.

Từ Vựng: thước dây (tape measure)

Bé gái này dùng **thước dây** để đo đầu của mình.

ZAJ LUS QHIA 4·6
Siv Txoj Hlua Ntsuas Khoom Ntsuas

Siv txoj hlua ntsuas khoom ntsuas tej qhov khoom uas nkhaus ua voj los sis tiaj tiaj – muab ntsuas ua eej.

Lo Lus: Hlua ntsuas khoom (tape measure)

Tus ntxhais no siv **txoj hlua ntsuas khoom** ntsuas nws lub taub-hau.

4·6 課
用卷尺測量

以英寸為單位，用卷尺測量彎曲的和平坦的物體。

辭彙：卷尺 (tape measure)

這個女孩用**卷尺**量自己的頭。

EXPLORATIONS: Exploring Data, Shapes, and Base-10 Blocks

Measure height. Make a bar graph. Explore 2-dimensional shapes. Learn about base-10 blocks.

Vocabulary: typical ('ti-pi-kəl)
          bar graph ('bär 'graf)
          height ('hīt)

The **typical height** for a first grader is about 40 inches.

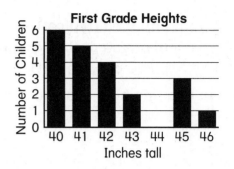

English ◆ English

EXPLORACIONES: Exploración de datos, formas y bloques de base 10

Mide la altura. Dibuja una gráfica de barras. Explora formas bidimensionales. Aprende acerca de los bloques de base 10.

Vocabulario: típico (typical)
          gráfica de barras (bar graph)
          talla (height)

La **talla típica** de los alumnos de primer grado es más o menos 40 pulgadas.

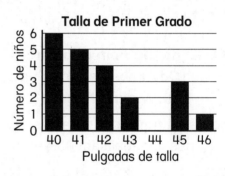

Spanish ◆ Español

استكشافات: التعرّف على المعطيات والأشكال والنظام العشري

قم بقياس الارتفاع. ارسم رسمًا بيانيًا خطيًا. تعرّف على الأشكال ثنائية الأبعاد. تعرّف على النظام العشري.

المفردات: نموذجي (typical)
مخطط أعمدة (bar graph)
طول (height)

يصل الطول النموذجي لطالب السنة الأولى إلى نحو 40 بوصة.

Arabic ◆ عربي

BÀI 4·7

KHÁM PHÁ: Tìm Hiểu Số Liệu, Hình Dạng, và Những Khối 10 Căn Bản

Đo chiều cao. Lập biểu đồ cột. Tìm hiểu những hình dạng 2-chiều. Tìm hiểu những khối 10 căn bản.

Từ Vựng: tiêu biểu (typical)
biểu đồ cột (bar graph)
chiều cao (height)

Chiều cao tiêu biểu cho học sinh lớp một là khoảng 40 inch.

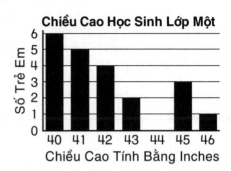

Chiều Cao Học Sinh Lớp Một

ZAJ LUS QHIA 4·7

KAM TSAWB KAWM: Tshawb Kawm Txog Deb-Tas, Cov Cev Duab, thiab Cov Tog-Ntoo lossis Tog Rojhmab Loj Li 10.

Ntsuas qhov siab. Kos ib cov kab ua tej yav. Kawm txog cov cev duab muaj ob sab. Kawm txog cov tog-ntoo lossis tog rojhmab loj li 10.

Lo Lus: nquag pom (typical)
Cov kab kos ua tej yav (bar graph)
Qhov siab (height)

Qhov siab nquag pom rau cov menyuam qib 1, mas yog thajtsam 40 eej.

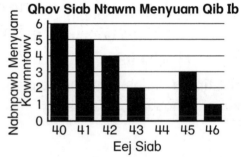

Qhov Siab Ntawm Menyuam Qib Ib

4·7 課

探索：學習數據、圖形和十進位方塊

測量高度。繪製條形圖。認識二維的圖形。學習十進位方塊。

辭彙：典型的 (typical)
條形圖 (bar graph)
高度 (height)

一年級學生的**典型身高**大約是 40 英寸。

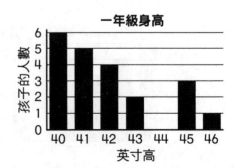

一年級身高

Telling Time on the Quarter-Hour

Tell time on the hour, half-hour, and quarter-hour.

Vocabulary: half-past (the hour) ('haf 'past (thē 'aủ(-ə)r)) • **quarter-after** ('kwȯ(r)-tər 'af-tər) • **quarter-before** ('kwȯ(r)-tər bi-'fȯr) • **quarter-past (the hour)** ('kwȯr-tər 'past (thē 'aủ(-ə)r)) • **quarter-to (the hour)** ('kwȯr-tər 'tü (thē 'aủ(-ə)r))

quarter-past 4 o'clock

Lectura de los cuartos de hora

Di la hora en horas completas, media hora y un cuarto de hora.

Vocabulario: (hora) y media (half-past (the hour)) • **un cuarto pasado (quarter-after)** • **un cuarto para (quarter-before)** • **(hora) y cuarto (quarter-past (the hour))** • **(hora) menos cuarto (quarter-to (the hour))**

4 **y cuarto**

إخبار الوقت بالربع ساعة

تعرّف على كيفية إخبار الوقت بالساعة والنصف ساعة والربع ساعة.

المفردات: (الساعة) والنصف (half-past (the hour)) • والربع (quarter-after) • إلا الربع (quarter-before) • (الساعة) والربع (quarter-past (the hour)) • (الساعة) إلا الربع (quarter-to (the hour))

الساعة الرابعة والربع

Vietnamese ◆ Tiếng Việt

Đọc Thời Gian Theo Mỗi Mười Lăm Phút

Đọc thời gian theo giờ, ba mươi phút, và mười lăm phút.

Từ Vựng: (giờ) ba mươi phút (half-past (the hour)) • mười lăm phút
sau (quarter-after) • mười lăm phút trước (quarter-before) •
(giờ) mười lăm phút (quarter-past (the hour)) •
(giờ) kém mười lăm phút (quarter-to (the hour))

4 giờ **mười lăm phút**

ZAJ LUS QHIA
4·8

Hmong ◆ Hmoob

Qhia Sijhawm Thaum Txog Ntawm Ib Feem Plaub Xuabmoo

Qhia sijhawm thaum txog kiag xuabmoo, ib kheeb xuabmoo
thiab ib feem plaub xuabmoo.

Lo Lus: ib kheeb dhau (xuabmoo) (half-past (the hour)) • Ua qab ib
feem plaub (quarter-after) • Ua ntej ib feem plaub (quarter-
before) • Ib feem plaub dhau (xuabmoo) (quarter-
past (the hour)) • Ib feem plaub txog (xuabmoo)
(quarter-to (the hour))

Ib feem plaub dhau 4 moo

4·8
課

Traditional Chinese ◆ 中文

用刻來表達時間

用整點、半點和刻來描述時間。

辭彙：（幾點）半 (half-past (the hour)) •（幾點）一刻 (quarter-after)
差一刻（幾點）(quarter-before) •（幾點）一刻 (quarter-past
(the hour)) • 差一刻（幾點）(quarter-to (the hour))

4 點一刻

Timelines

Order events on a timeline.

Vocabulary: timeline ('tīm-ˌlīn) • **order** ('ȯr-dər)

Timelines help keep track of when important events happen.

School starts before 9. Lunch is at 12.

School starts before lunch.

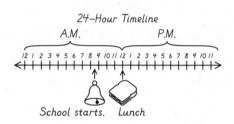

24–Hour Timeline

School starts. Lunch

English ◆ English

Líneas de tiempo

Ordena hechos en una línea de tiempo.

Vocabulario: línea de tiempo (timeline) • **ordenar** (order)

Las **líneas de tiempo** ayudan a recordar los momentos en que suceden hechos importantes.

La escuela comienza antes de las 9. El almuerzo es a las 12. La escuela comienza antes del almuerzo.

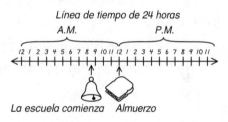

Línea de tiempo de 24 horas

La escuela comienza   Almuerzo

Spanish ◆ Español

جداول المواعيد

رتّب الأحداث وفقًا لجدول مواعيدها.

المفردات: جدول مواعيد (timeline) • **رتّب** (order)

تساعد **جداول المواعيد** على معرفة مواعيد الأحداث الهامة.

تبدأ المدرسة قبل الساعة 9.
موعد الغداء الساعة 12.
تبدأ المدرسة قبل الغداء.

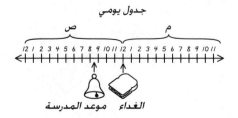

جدول يومي

الغداء   موعد المدرسة

Arabic ◆ عربي

BÀI 4·9 Biểu Đồ Thời Gian

Sắp đặt những sự kiện theo thứ tự trên một biểu đồ thời gian.

Từ Vựng: biểu đồ thời gian (timeline) • thứ tự (order)

Biểu đồ thời gian giúp theo dõi khi nào những sự kiện quan trọng diễn ra.

Trường học bắt đầu trước 9 giờ. Giờ ăn trưa vào lúc 12 giờ. Trường học bắt đầu trước giờ ăn trưa.

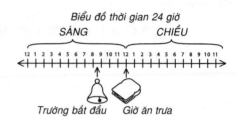

Biểu đồ thời gian 24 giờ
SÁNG   CHIỀU
Trường bắt đầu   Giờ ăn trưa

ZAJ LUS QHIA 4·9 Lub Caij Nyoog Sijhawm

Npaj tej haujlwm yuav ua kom tsheej chaw raws sijhawm.

Lo Lus: Lub caij nyoog sijhawm (timeline) • tsheej chaw (order)

Lub caij nyoog sijhawm mas yog ib qho pab koj taug xyuas tias haujlwm dab tsi tseemceeb yuav los txog.

Tsev kawmntawv pib ua ntej 9. Noj su pib thaum 12. Tsev kawmntawv pib ua ntej noj su.

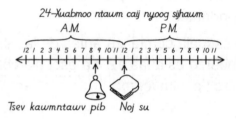

24–Xuabmoo ntaum caij nyoog sijhawm
A.M.   P.M.
Tsev kawmntawv pib   Noj su

4·9 課 時間線

安排時間線上的活動。

辭彙：時間線 (timeline) • 安排 (order)

時間線可以幫助我們明瞭重要活動的發生時間。

上學是在 9 點以前；吃午飯是在 12 點；上學要比吃午飯早。

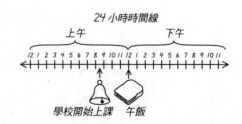

24 小時時間線
上午   下午
學校開始上課   午飯

Number Scrolls

Learn about and make number scrolls.

A number scroll can be used to show numbers past 100. You can fill in the grid boxes on the scroll using patterns or shortcuts. You may also use a calculator or make a design as you fill in the numbers.

		303	304	305	306				
		313				317			
		323				327			
		333				337			
		343				347			
		353	354	355	356				
		363				367			
		373					378		
		383						389	
		393							400

English ◆ English

Listas numéricas

Aprende acerca de las listas numéricas y cómo hacerlas.

La lista numérica puede usarse para mostrar los números mayores a 100. Puedes completar los casilleros de la cuadrícula de la lista mediante patrones o atajos. También, puedes usar una calculadora o crear un diseño mientras completas los números.

		303	304	305	306				
		313				317			
		323				327			
		333				337			
		343				347			
		353	354	355	356				
		363				367			
		373					378		
		383						389	
		393							400

Spanish ◆ Español

 قوائم الأعداد

تعرّف على قوائم الأعداد وقم بإعدادها.

من الممكن استخدام قوائم الأعداد لعرض الأعداد بعد 100. بإمكانك ملء مربعات الأعداد الموجودة بالقوائم باستخدام النماذج أو الاختصارات. ومن الممكن أيضًا استخدام الآلة الحاسبة أو إعداد تصميم عند كتابة الأعداد في أماكنها.

		303	304	305	306				
		313				317			
		323				327			
		333				337			
		343				347			
		353	354	355	356				
		363				367			
		373					378		
		383						389	
		393							400

Arabic ◆ عربي

BÀI 4·10 — Liễn Số

Tìm hiểu và thiết lập các liễn số.

Một liễn số có thể được sử dụng để chỉ những số lớn hơn 100. Các em có thể điền vào những khung trên liễn bằng mô hình hoặc ký hiệu vắn tắt. Các em cũng có thể dùng máy tính hoặc làm thành một kiểu khi các em điền số vào.

303	304	305	306						
313				317					
323				327					
333				337					
343				347					
353	354	355	356						
363				367					
373					378				
383						389			
393							400		

ZAJ LUS QHIA 4·10 — Pob Nabnpawb Txav Tau Mus Los

Kawm txog thiab kawm ua pob nabnpawb txav tau mus los.

Siv pob nabnpawb txav tau mus los qhia txog cov nabnpawb loj tshaj 100. Koj muaj peevxwm sau rau hauv lub rooj ntawv muaj kab muaj kem nyob rau ntawm pob ntawv, siv cov duab muaj seem pab lossis siv kev txiav (short cut) pab. Thaum koj sau cov nabnpawb rau, yog nyiam siv los siv kas-kus-las-tawj ua lossis kos ua tej yam qauv.

303	304	305	306						
313				317					
323				327					
333				337					
343				347					
353	354	355	356						
363				367					
373					378				
383						389			
393							400		

4·10 課 — 數字卷軸 (Number Scrolls)

認識並製作數字卷軸。

數字卷軸可以用來顯示超過 100 的數字。你可以利用規律或捷徑來填寫卷軸上的網格。你也可以在填寫數字時使用計算器或繪出一個圖案。

303	304	305	306						
313				317					
323				327					
333				337					
343				347					
353	354	355	356						
363				367					
373					378				
383						389			
393							400		

Introducing Fact Power

Learn about addition facts and fact power.

Vocabulary: addition facts (ə-'di-shən 'fakts) • **sum** ('səm) •
fact power ('fakt 'pau̇(-ə)r)

1 + 5   = 6   6 + 6   = 12

English ◆ English

Introducción a la capacidad para recordar automáticamente lo básico

Aprende sumas y cómo recordar automáticamente lo básico.

Vocabulario: operaciones de suma (addition facts) • **sumas (sum)** •
**capacidad para recordar automáticamente lo básico
(fact power)**

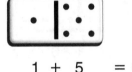

1 + 5   = 6   6 + 6   = 12

Spanish ◆ Español

مقدمة عن القدرة على تذكر المسائل الحسابية

تعرّف على مسائل الجمع والقدرة على تذكرها مرة أخرى.

**المفردات: مسائل الجمع (addition facts) • حاصل الجمع (sum) •
القدرة على تذكر المسائل الحسابية (fact power)**

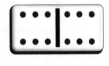

6 =   1 + 5   12 =   6 + 6

Arabic ◆ عربي

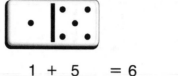

Giới Thiệu Khả Năng Làm Tính

Tìm hiểu về những phép tính cộng và khả năng làm tính.

Từ Vựng: phép tính cộng (addition facts) • tổng số (sum) • khả năng làm tính (fact power)

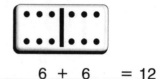

1 + 5 = 6   6 + 6 = 12

Qhia Txog Cov Tswvyim Leb

Kawm txog cov tswvyim leb sib ntxiv thiab cov tswvyim leb.

Lo Lus: Tswvyim Leb Sib Ntxiv (addition facts) • Sib ntxiv tag nrho uake (sum) • Tswvyim Leb (fact power)

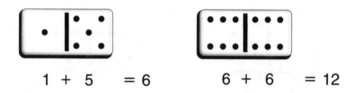

1 + 5 = 6   6 + 6 = 12

引入口訣能力

學習加法口訣，瞭解口訣能力。

辭彙： 加法口訣 (addition facts) • 和 (sum) • 口訣能力 (fact power)

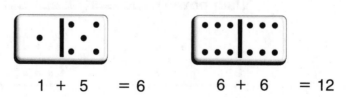

1 + 5 = 6   6 + 6 = 12

Vietnamese ◆ Tiếng Việt

Hmong ◆ Hmoob

Traditional Chinese ◆ 中文

LESSON 4·12 Good Fact Habits and Making Ten

Practice addition facts.

You can develop fact power by practicing addition facts and sums in different ways.

One way to practice facts is to roll 2 dice and then add the numbers.

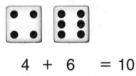

4 + 6 = 10

LECCIÓN 4·12 Buenos hábitos para resolver operaciones básicas y sumar diez

Practica operaciones de suma.

Puedes desarrollar la capacidad para resolver operaciones básicas practicando operaciones de suma y cálculo de diferentes maneras.

Una manera de practicar operaciones es tirar 2 dados y sumar los números.

4 + 6 = 10

الدرس 12·4 عادات جيدة لتذكر المسائل الحسابية والجمع إلى عشرة

تدرّب على مسائل الجمع.

بإمكانك تنمية قدرتك على تذكر المسائل الحسابية عن طريق التدريب على مسائل الجمع وحاصل الجمع بطرق مختلفة.

إحدى طرق التدريب على المسائل هي إلقاء نردين وجمع رقميهما.

10 =   6 + 4

BÀI 4·12 — Thói Quen Giải Toán Tốt và Làm Tròn

Thực tập những phép tính cộng.

Các em có thể phát triển khả năng làm tính bằng cách thực tập những phép tính cộng và tính tổng số bằng nhiều cách thức khác nhau.

Một trong những cách thức thực tập phép tính là lăn 2 hột xí ngầu rồi cộng các số lại với nhau.

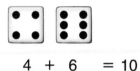

4 + 6 = 10

ZAJ LUS QHIA 4·12 — Tej Cwjpwm Zoo Txog Kam Kawm leb thiab Muab Ua Kaum

Xyaum muab cov leb sib ntxiv.

Nws yuav ua rau kom koj paub cov tswvyim leb zoo, yog koj xyaum muab cov leb sib ntxiv mus mus los los.

Ib lub tswvyim pab koj kawm txog cov tswvyim leb ces yog muab 2 lub maj-khauv-lauv dov, ces muab cov nabnpawb siv ntxiv.

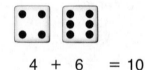

4 + 6 = 10

4·12 課 — 良好的口訣習慣和十的加法

練習加法口訣。

你可以用不同的方式練習加法口訣來求和，培養口訣能力。

練習加法口訣的一個方法是：同時擲出兩個骰子，然後把它們的點數加起來。

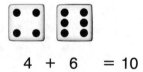

4 + 6 = 10

Place Value: Tens and Ones

Explore place-value for tens and ones.

Vocabulary: base-10 blocks ('bās 'ten 'bläks) • **longs** ('loŋs) • **cubes** ('kyübs) • **tens place** ('tens 'plās) • **ones place** ('wəns 'plās)

1 = 1 ten   1 = 1 one   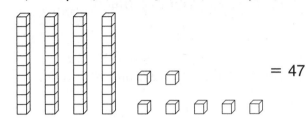 = 47

English ◆ English

LECCIÓN 5·1

Valor posicional: decenas y unidades

Explora el valor posicional de las decenas y unidades.

Vocabulario: bloques de base 10 (base-10 blocks) • **largos** (longs) • **cubos** (cubes) • **lugar de las decenas** (tens place) • **lugar de las unidades** (ones place)

1 = 1 decena   1 = 1 unidad   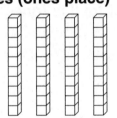 = 47

Spanish ◆ Español

الدرس 5·1

القيمة المكانية: العشرات الآحاد

تعرّف على قيمة خانات العشرات الآحاد.

المفردات: النظام العشري (base-10 blocks) • وحدات العشرات (longs) • مكعبات (cubes) • خانة العشرات (tens place) • خانة الآحاد (ones place)

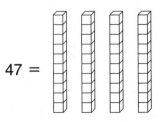

47 =   1 = 1 آحاد   1 عشرات = 1

Arabic ◆ عربي

BÀI 5·1 Giá Trị Vị Trí: Hàng Chục và Hàng Đơn Vị

Tìm hiểu giá trị vị trí của hàng chục và hàng đơn vị.

Từ Vựng: những khối căn bản 10 (base-10 blocks) • khối dài (longs) •
khối lập phương (cubes) • vị trí hàng chục (tens place) •
vị trí hàng đơn vị (ones place)

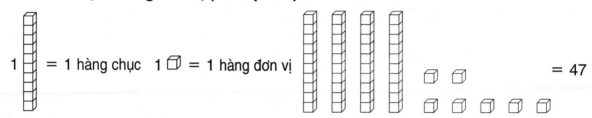

ZAJ LUS QHIA 5·1 Chaw Qhia Tias Tus Leb Loj Npaum Cas: Cov Kaum thiab Cov Ib

Kawm txog qhov chaw qhia tias tus leb loj npaum cas rau cov
kaum thiab cov ib.

Lo Lus: Cov tog ntoo los sis tog rojhmab loj li 10 (base-10 blocks) •
Cov ntev (longs) • Cov cubes (cubes) • Qhov chaw loj li kaum
(tens place) • Qhov chaw loj li ib (ones place)

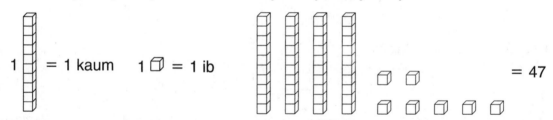

5·1課 位值：十和一

學習十和一的位值。

辭彙：十進位方塊 (base-10 blocks) • 長條 (longs) • 方塊 (cubes) •
十位 (tens place) • 個位 (ones place)

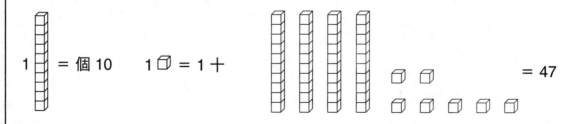

LESSON 5·2

Place Value with Calculators

Explore place-value digit patterns.

Vocabulary: flat ('flat) • **hundreds** ('hən-drəds) • **digit** ('di-jət)

Count by 10s:

10, 20, 30, 40, 50, 60, 70, 80, 90

The **digit** in the tens place increases by 1 with each count.

 LECCIÓN 5·2

Valor posicional con calculadoras

Explora patrones de dígitos según su valor posicional.

Vocabulario: plano (flat) • **centenas (hundreds)** • **dígito (digit)**

Cuenta de 10 en 10:

10, 20, 30, 40, 50, 60, 70, 80, 90

El **dígito** en el lugar de las decenas aumenta de 1 en 1 con cada cuenta.

معرفة القيمة المكانية بالآلة الحاسبة **الدرس 5·2**

تعرّف على أنماط تحديد القيمة المكانية.

المفردات: مئات (flat) • **خانة المئات (hundreds)** • **رقم (digit)**

عدّ بالعشرة:

10, 20, 30, 40, 50, 60, 70, 80, 90

يزيد **رقم** العشرات بمقدار واحد في كل مرة تقوم بالعد.

 English ◆ English

 Spanish ◆ Español

 Arabic ◆ عربي

 Arabic ◆ عربي

Giá Trị Vị Trí Trên Máy Tính

Tìm hiểu những mô hình số của giá trị vị trí.

Từ Vựng: khối dẹp (flat) • hàng trăm (hundreds) • con số (digit)
Đếm theo hàng chục (10):
10, 20, 30, 40, 50, 60, 70, 80, 90
Con số ở hàng chục tăng lên 1 đơn vị trong mỗi lần đếm.

Chaw Qhia Tias Tus Leb Loj Npaum Cas nrog Lub Kas-Kus-Las-Tawj

Tshawb kawm txog qhov chaw qhia tias tus leb loj npaum cas raws seem.

Lo Lus: Tiaj (flat) • Cov lb-puas (hundreds) • Tus leb (digit)
Suav ib zaug twg 10 ntxiv:
10, 20, 30, 40, 50, 60, 70, 80, 90
Tus leb nyob rau qhov chaw kaum nce ntxiv li 1, thaum suav nce ib zaug twg.

計算器的位值

學習位值數字規律。

辭彙：平板 (flat) • 百 (hundreds) • 數字 (digit)
十個一數：
10, 20, 30, 40, 50, 60, 70, 80, 90
每數一次，十位上的**數字**就加 1。

LESSON 5·3 Relations: Greater Than, Less Than, and Equal To

Learn about the relation symbols < *(is less than)* and
> *(is greater than)*.

Vocabulary: is more than ('iz 'mȯr <u>th</u>ən)
 is less than ('iz 'les <u>th</u>ən)

25¢	*is more than*	20¢
25¢	>	20¢
20¢	*is less than*	25¢
20¢	<	25¢

LECCIÓN 5·3 Relaciones: mayor que, menor que e igual a

Aprende los símbolos de relación < *(es menor que)* y
> *(es mayor que)*.

Vocabulario: es mayor que (is more than)
 es menor que (is less than)

25¢	*es mayor que*	20¢
25¢	>	20¢
20¢	*es menor que*	25¢
20¢	<	25¢

الدرس 3·5 العلاقات: أكبر من وأصغر من ويساوي

تعرّف على رموز العلاقات: < (أصغر من) و> (أكبر من).

المفردات: أكبر من (is more than)
 أصغر من (is less than)

20¢	أكبر من	25¢
20¢	<	25¢
25¢	أصغر من	20¢
25¢	>	20¢

BÀI 5·3 Hệ thức: Lớn Hơn, Ít Hơn, và Bằng Với

Tìm hiểu về những ký hiệu hệ thức < *(nhỏ hơn)* và > *(lớn hơn)*.

Từ Vựng: nhiều hơn (is more than)
   ít hơn (is less than)

25¢ _nhiều hơn_ 20¢
25¢   >   20¢
20¢ _ít hơn_ 25¢
20¢   <   25¢

ZAJ LUS QHIA 5·3 Sib Txheeb: Ntau Dua, Tsawg Dua, thiab Sib Npaug Zos Li

Kawm txog cov cim qhia txog kev sib txheeb < *(yog tsawg dua)* thiab > *(yog ntau dua)*.

Lo Lus: yog ntau dua (is more than)
   yog tsawg dua (is less than)

25¢ _ntua dua_ 20¢
25¢   >   20¢
20¢ _tsawg dua_ 25¢
20¢   <   25¢

5·3 課 關係：大於、小於和等於

學習關係符號『＜』（小於）和『＞』（大於）。

辭彙：大於 (is more than)
   小於 (is less than)

25¢ _____大於_____ 20¢
25¢   >   20¢
20¢ _____小於_____ 25¢
20¢   <   25¢

LESSON 5·4

EXPLORATIONS: Exploring Area, Weight, and Counting

Find area by counting units. Weigh objects with a pan balance. Practice counting.

Vocabulary: area ('er-ē-ə) • **weigh** ('wā) • **pan balance** ('pan 'ba-lən(t)s)

Find the **area** by covering a surface with no overlaps or gaps.

15 cards cover the table top.

The area is 15 cards.

LECCIÓN 5·4

EXPLORACIONES: Exploración de área, peso y conteo

Calcula el área mediante el conteo de unidades. Pesa objetos con una balanza de platillos. Practica conteo.

Vocabulario: área (area) • **peso** (weigh) • **balanza de platillos** (pan balance)

Calcula el **área** cubriendo una superficie sin superposiciones ni espacios en blanco.

15 tarjetas cubren la parte superior de la mesa.

El área es de 15 tarjetas.

الدرس 4·5

استكشافات: التعرّف على المساحة والوزن والعدّ

اكتشف المساحة عن طريق عدّ الوحدات. قم بوزن الأشياء باستخدام ميزان ذي كفتين. تدرّب على العدّ.

المفردات: المساحة (area) • **ميزان ذو كفتين** (pan balance)

أوجد **المساحة** عن طريق تغطية أحد الأسطح شريطة ألا يكون هناك تراكبات أو فتحات.

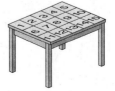

تغطي 15 بطاقة سطح الطاولة.

مما يعني أن المساحة تساوي 15 بطاقة.

BÀI 5·4 — KHÁM PHÁ: Tìm Hiểu Diện Tích, Sức Nặng, và Số Đếm

Tìm diện tích bằng cách đếm đơn vị. Cân đo đồ vật bằng cân thăng bằng. Thực hành đếm số.

Từ Vựng: diện tích (area) • cân đo (weigh) • cân thăng bằng (pan balance)

Tìm **diện tích** bằng cách phủ kín hoàn toàn bề mặt mà không chồng lên nhau hoặc có chỗ hở.

15 thẻ phủ kín mặt bàn.

Diện tích là 15 thẻ.

ZAJ LUS QHIA 5·4 — KAM TSAWB KAWM: Tshawb Kawm Txog Ib Cheebtsam, Qhov Nyhav, thiab Kam Suav

Suav cov tej qho qhia saib lub cheebtsam loj li cas. Siv rab teev ua tais luj khoom. Xyaum suav.

Lo Lus: Cheebtsam Chaw (area) • Rab teev ua tais luj khoom (weigh) • (pan balance)

Npog qhov cheebtsam chaw kom ncaj ncaj tsis pub seem, yog xav paub qhov **cheebtsam chaw** loj li cas.

15 daim phaib npog tag lub rooj. Qhov cheebtsam chaw yog 15 daim phaib.

5·4 課 — 探索：學習面積、重量和計數

通過點數單位來確定面積。用托盤天平來稱物體的重量。練習計數。

辭彙：面積 (area) • 稱重 (weigh) • 托盤天平 (pan balance)

不重疊也不留縫隙地覆蓋一塊表面，確定它的**面積**。

15 張卡片蓋住了桌面。

桌面的面積是 15 張卡片。

LESSON 5·5 — Animal Weights

Add 2-digit numbers.

Vocabulary: pound ('paúnd) • **lb** ('el 'bē)

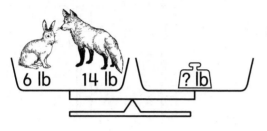

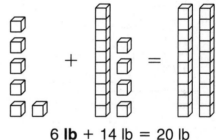

6 **lb** + 14 lb = 20 lb

LECCIÓN 5·5 — Peso de los animales

Suma con números de 2 dígitos.

Vocabulario: libra (pound) • lb (lb)

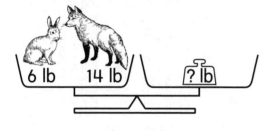

6 **lb** + 14 lb = 20 lb

الدرس 5·5 — أوزان الحيوانات

أضف أعداد مكـونة من رقمين.

المفردات: رطل (pound) • رطل (lb)

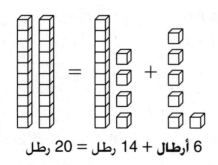

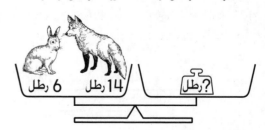

6 **أرطال** + 14 رطل = 20 رطل

Trọng Lượng Của Thú Vật

Vietnamese ◆ Tiếng Việt

Cộng những số có 2 con số.

Từ Vựng: pound (pound) • lb (lb)

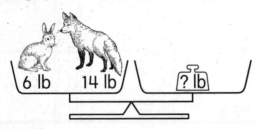
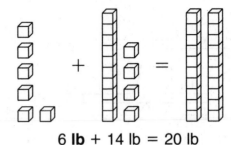

6 **lb** + 14 lb = 20 lb

ZAJ LUS QHIA 5·5

Tsiaj Qhov Nyhav

Hmong ◆ Hmoob

Ntxiv 2 tug leb nabnpawb rau.

Lo Lus: Phaus (pound) • lb (lb)

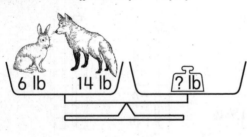
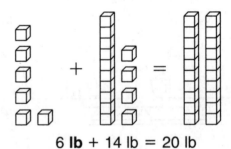

6 **lb** + 14 lb = 20 lb

5·5 課

動物的重量

Traditional Chinese ◆ 中文

學習兩位數加法。

辭彙：磅 (pound) • lb（磅的縮寫）

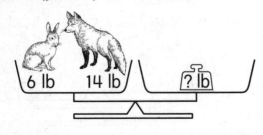
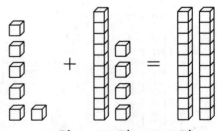

6 磅 + 14 磅 = 20 磅

More Than and *Less Than* Number Stories

LESSON
5·6

Use *more than* and *less than* number stories.
Write number models for number stories.

The zookeeper weighed some animals.
The koala weighed less than the raccoon.

19 lb < 23 lb

Historias con números *más que* y *menos que*

LECCIÓN
5·6

Usa historias con números *más que* y *menos que*.
Escribe modelos de números para las historias con números.

El cuidador del zoológico pesó algunos animales.
El koala pesó menos que el mapache.

19 lb < 23 lb

مسائل عن العلاقتين "أكبر من" و"أصغر من" بين الأعداد

الدرس
6·5

استخدم مسائل عن العلاقتين "أكبر من" و"أصغر من" بين الأعداد.
عبّر عن الأعداد الموجودة في المسائل بالكتابة.

قام حارس حديقة الحيوان بوزن بعض الحيوانات.
كان وزن الكوالا أصغر من وزن الراكون.

19 رطل > 23 رطل

BÀI 5·6 — Những Bài Toán Số Học Về *Nhiều Hơn và Ít Hơn*

Dùng những bài toán số học về *nhiều hơn* và *ít hơn*.
Viết mô hình số cho những bài toán số học đó.

Người quản thủ sở thú đã đo trọng lượng của một vài con thú.
Con gấu túi có trọng lượng nhỏ hơn con gấu trúc Mỹ.

19 lb < 23 lb

ZAJ LUS QHIA 5·6 — Cov Zaj Lus Txog Nabnpawb ntawm *Ntau Dua* thiab *Tsawg Dua*

Siv cov zaj lus txog nabnpawb ntawm *ntau dua* thiab *tsawg dua*.
Sau ib zaj lus txog cov nabnpawb.

Tus neeg tu tsiaj muab ib co tsiaj coj los luj.
Tus tsiaj koala nyhav dua tus tsiaj las-khu (racoon)

19 lb < 23 lb

5·6 課 — 大於和小於的數字問題

利用大於和小於的數字問題。為數字問題寫算式。

動物園管理員給一些動物稱了體重。
樹袋熊的體重比浣熊輕。

19 磅 < 23 磅

LESSON 5·7 — Comparison Number Stories

Solve number stories by finding differences.

Vocabulary: difference ('di-fərn(t)s)

Lou saved 5 cents.
Lisa saved 8 cents.
8 − 5 = 3
Who saved more? (Lisa)
How much more? (3¢)

Lou:
| | | | |
Lisa:

LECCIÓN 5·7 — Historias de comparación

Resuelve historias con números encontrando diferencias.

Vocabulario: diferencia (difference)

Lou ahorró 5 centavos.
Lisa ahorró 8 centavos.
8 − 5 = 3
¿Quién ahorró más? (Lisa)
¿Cuánto más? (3¢)

Lou:
| | | | |
Lisa:

الدرس 5·7 — مقارنة المسائل الكلامية

قم بحل المسائل الكلامية باكتشاف الفرق.

المفردات: فرق (difference)

ادخرت لو 5 سنتات.
ادخرت ليزا 8 سنتات.
8 − 5 = 3
من ادخر أكثر؟ (ليزا)
كم زادت على لو؟ (3¢)

 :لو
| | | | |
 :ليزا

Những Bài Toán Số Học Về So Sánh

Vietnamese ◆ Tiếng Việt

Giải những bài toán số học bằng cách tìm sự khác biệt.

Từ Vựng: sự khác biệt (difference)

Lou tiết kiệm được 5 xu.
Lisa tiết kiệm được 8 xu.
8 − 5 = 3
Ai tiết kiệm được nhiều hơn? (Lisa)
Nhiều hơn được bao nhiêu? (3¢)

Lou:
Lisa:

ZAJ LUS QHIA 5·7

Muab Cov Lus Txog Nabnpawb Coj Los Sib Piv

Hmong ◆ Hmoob

Nrhiav saib cov lus txog nabnpawb tawm li cas – xav paub yuav tsum xyuas saib sib txawv li cas.

Lo Lus: Qhov sib txawv (difference)

Lou tseg tau 5 xees.
Lisa tseg tau 8 xees.
8 − 5 = 3
Leejtwg tseg tau ntau dua? (Lisa)
Tseg tau tshaj pes tsawg? (3¢)

Lou:
Lisa:

5·7 課

比較的數字問題

Traditional Chinese ◆ 中文

通過發現差別來解決數字問題。

辭彙：差 (difference)

盧攢了 5 分錢。
莉薩攢了 8 分錢。
8 − 5 = 3
誰攢的錢多？(莉薩)
多多少？(3 分)

盧：
莉薩：

Solving Number Stories

Make up and solve number stories.

You can write a number model and draw a picture to solve a number story.

I have 4 balloons.

Jamal brought 1 more.

We have 5 balloons altogether.

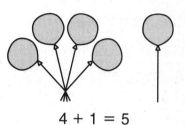

$$4 + 1 = 5$$

 LECCIÓN 5·8

Solución de historias con números

Inventa y resuelve historias con números.

Puedes escribir un modelo numérico y hacer un dibujo para resolver una historia con números.

Tengo 4 globos.

Jamal trajo 1 más.

Tenemos 5 globos en total.

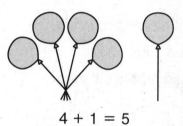

$$4 + 1 = 5$$

الدرس 8·5

حل المسائل الكلامية

قم بابتكار وحل المسائل الكلامية.

عبّر عن الأعداد الموجودة في المسائل الكلامية بالكتابة وارسم صورة لحل المسائل الكلامية.

لديّ 4 بالونات.

جمال اشترى بالونًا آخر.

لدينا معًا 5 بالونات.

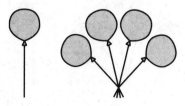

$$5 = 1 + 4$$

BÀI 5·8

Giải Những Bài Toán Số Học

Đặt và giải những bài toán số học.

Các em có thể tạo một mô hình số và vẽ tranh minh họa để giải một bài toán đố.

Em có 4 quả bong bóng.

Jamal mang thêm 1 quả nữa.

Tổng cộng chúng em có 5 quả bong bóng.

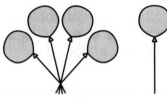

4 + 1 = 5

ZAJ LUS QHIA 5·8

Ua Saib Cov Lus Txog Nabnpawb Tawm Li Cas

Kwv yees txog ib zaj lus txog nabnpawb es ua saib tawm li cas.

Koj xav muab sau ua ib qho qauv leb thiab kos ua duab es ua saib tawm li cas los tau.

Kuv muaj 4 lub zais rojhmab.

Jamal muab 1 lub ntxiv.

Wb muaj tag nrho 5 lub zais rojhmab.

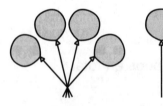

4 + 1 = 5

5·8 課

解決數字問題

編數字故事,解決其中的問題。

你可以寫下一個算式,也可以畫一幅圖來解決數字問題。

我有 4 隻氣球。

賈邁勒又帶來了一隻。

我們總共有 5 隻氣球。

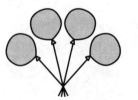

4 + 1 = 5

Dice Sums

LESSON 5·9

Find sums from rolling pairs of dice.

Vocabulary: multiple of 10 ('məl-tə-pəl əv 'ten)

Start at 4. Count up 5.

5, 6, 7, 8, 9

The sum on the dice is 9.

Sumas con dados

LECCIÓN 5·9

Practica sumas tirando dos dados.

Vocabulario: múltiplo de 10 (multiple of 10)

Comienza desde 4. Cuenta
5 números hacia adelante.

5, 6, 7, 8, 9

La suma de los dados es 9.

حاصل جمع النرد **الدرس 9·5**

أوجد حاصل جمع النقاط الموجودة على زوج من زهر النرد بعد رميهما.

المفردات: مضاعف 10 (multiple of 10)

ابدأ برقم 4 وقم بعد 5 أرقام تصاعديًا.

5، 6، 7، 8، 9

حاصل جمع النردين هو 9.

Tổng Số Của Hột Xí Ngầu

BÀI 5·9

Tìm tổng số của một cặp xí ngầu.

Từ Vựng: bội số của 10 (multiple of 10)

Bắt đầu bằng số 4. Đếm lên 5 đơn vị.

5, 6, 7, 8, 9

Tổng số trên hột xí ngầu là 9

Vietnamese ◆ Tiếng Việt

Suav Maj-Khauv-Lauv Sib Ntxiv Uake

ZAJ LUS QHIA 5·9

Muab ob lub maj-khauv-lauv dov, es muab sib ntxiv saib tag nrho muaj pes tsawg.

Lo Lus: Khu Leb Rau 10 (multiple of 10)

Pib ntawm tus leb 4. Suav nce ntxiv 5.

5, 6, 7, 8, 9

Ob lub maj-khauv-lauv sib ntxiv muaj 9.

Hmong ◆ Hmoob

骰子的點數之和

5·9 課

擲出兩個骰子，確定它們的點數之和。

辭彙：10 的倍數 (multiple of 10)

從 4 開始，向前數 5 個數。

5，6，7，8，9

骰子的點數之和是 9。

Traditional Chinese ◆ 中文

Facts Using Doubles

Use doubles facts to solve other addition facts.

Vocabulary: doubles-plus-1 (dub'əl-plus-1) •
doubles-plus-2 (dub'əl-plus-2)

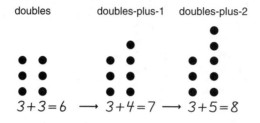

doubles   doubles-plus-1   doubles-plus-2

$3+3=6 \longrightarrow 3+4=7 \longrightarrow 3+5=8$

LECCIÓN 5·10

Uso de operaciones con dobles

Usa operaciones con dobles para resolver otras operaciones de suma.

Vocabulario: dobles más 1 (doubles-plus-1) •
dobles más 2 (doubles-plus-2)

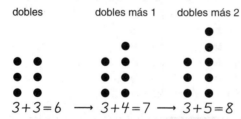

dobles   dobles más 1   dobles más 2

$3+3=6 \longrightarrow 3+4=7 \longrightarrow 3+5=8$

الدرس 10·5

حل مسائل المضاعفة

استخدم مسائل المضاعفة لحل باقي مسائل الجمع.

المفردات: مضاعفات – زائد – 1 (doubles-plus-1) •
مضاعفات – زائد – 2 (doubles-plus-2)

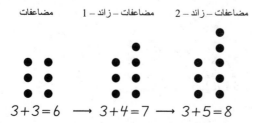

مضاعفات   مضاعفات – زائد – 1   مضاعفات – زائد – 2

$3+3=6 \longrightarrow 3+4=7 \longrightarrow 3+5=8$

BÀI 5·10

Phép Toán Sử Dụng Phép Nhân Đôi

Sử dụng các phép nhân đôi để giải các phép cộng khác.

Từ Vựng: nhân đôi-cộng-1 (doubles-plus-1) •
nhân đôi-cộng-2 (doubles-plus-2)

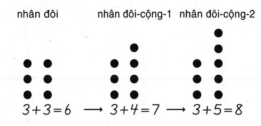

nhân đôi   nhân đôi-cộng-1   nhân đôi-cộng-2

$3+3=6 \longrightarrow 3+4=7 \longrightarrow 3+5=8$

ZAJ LUS QHIA 5·10

Leb Qhiab Txog Kam Siv Ob Npaug

Siv qhov ob npaug coj los ua cov leb sib ntxiv.

Lo Lus: ob npaug-ntxiv-1 (doubles-plus-1) •
ob npaug-ntxiv-2 (doubles-plus-2)

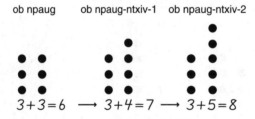

ob npaug   ob npaug-ntxiv-1   ob npaug-ntxiv-2

$3+3=6 \longrightarrow 3+4=7 \longrightarrow 3+5=8$

5·10 課

使用加倍口訣

使用加倍口訣來解決其他的加法口訣問題。

辭彙：加倍後加1 (doubles-plus-1) • 加倍後加2 (doubles-plus-2)

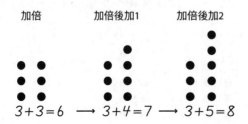

加倍   加倍後加1   加倍後加2

$3+3=6 \longrightarrow 3+4=7 \longrightarrow 3+5=8$

Fact Strategy Review

LESSON 5·11

Practice with addition facts with sums to 20.

One strategy is to use turn-around facts.

Turn-around facts are facts where the same two numbers are added but not in the same order.

4 + 3 = 7	**5** + 4 = 9	**12** + 6 = 18
3 + **4** = 7	4 + **5** = 9	6 + **12** = 18

Repaso de estrategias de operaciones

LECCIÓN 5·11

Practica operaciones de suma con totales hasta 20.

Una estrategia es usar operaciones conmutativas.

Las operaciones conmutativas son operaciones en las cuales se suman los mismos dos números, pero en distinto orden.

4 + 3 = 7	**5** + 4 = 9	**12** + 6 = 18
3 + **4** = 7	4 + **5** = 9	6 + **12** = 18

مراجـعـة طرق حـل المسائل

الدرس 11·5

تدّرب على مسائل الجمع التي يصل حاصل جمع أرقامها إلى 20.

من طرق الحـل استخدام المسائل المقلوبة.

المسائل المقلوبة هي مسائل يتم فيها جمع نفس الرقمين ولكن بترتيب مختلف.

18 = 6 + **12**	9 = 4 + **5**	7 = 3 + **4**
18 = **12** + 6	9 = **5** + 4	7 = **4** + 3

Đánh Giá Chiến Lược Sử Dụng Phép Toán

5·11

Thực hành với các phép cộng với tổng đến 20.

Một chiến lược khác là sử dụng các phép thay đổi.

Phép thay đổi là phép toán trong đó hai số giống nhau được cộng lại nhưng không theo cùng thứ tự.

4 + 3 = 7	**5** + 4 = 9	**12** + 6 = 18
3 + **4** = 7	4 + **5** = 9	6 + **12** = 18

Rov Kawm Txog Tej Tswvyim Ua Leb

ZAJ LUS QHIA 5·11

Xyaum muab cov leb coj los sib ntxiv kom qhov sib ntxiv tawm ntawd mus txog rau 20.

Ib lub tswvyim mas yog siv hom leb sib txauv chaw ua.

Leb sib txauv chaw yog hais txog muab ob tug nabnpawb sib ntxiv tiamsis tsis sib ntxiv raws tib seem.

4 + 3 = 7	**5** + 4 = 9	**12** + 6 = 18
3 + **4** = 7	4 + **5** = 9	6 + **12** = 18

口訣策略復習

5·11 課

練習和為 20 的加法口訣。

一個策略是使用交換律口訣。

交換律口訣是同樣的兩個數字相加，但是以不同順序。

4 + 3 = 7	**5** + 4 = 9	**12** + 6 = 18
3 + **4** = 7	4 + **5** = 9	6 + **12** = 18

"What's My Rule?"

Learn the "What's My Rule?" routine.

Vocabulary: function machine ('fəŋ(k)-shən mə-'shēn) • **rule** ('rül)

Write the numbers that are put into the machine in the in column. Write the numbers that come out of the machine in the out column.

in	out
0	3
1	4
2	5
3	6

"¿Cuál es mi regla?"

Aprende la rutina "¿Cuál es mi regla?".

Vocabulario: máquina de funciones (function machine) • **regla** (rule)

Escribe los números que se ponen en la máquina en la columna entra. Escribe los números que salen de a máquina en la columna sale.

entra	sale
0	3
1	4
2	5
3	6

"ما هي قاعدتي الحسابية؟"

تعلّم نشاط "ما هي قاعدتي الحسابية؟".

المفردات: آلة الدوال (function machine) • **قاعدة حسابية** (rule)

اكتب الأعداد التي يتم إدخالها في الآلة في عمود المعطى. اكتب الأعداد التي يتم استنتاجها من الآلة في عمود الناتج.

الناتج	المعطى
3	0
4	1
5	2
6	3

BÀI 5·12 — "Qui Luật Của Tôi Là Gì?"

Tìm hiểu bài tập "Qui Luật Của Tôi Là Gì?".

Từ Vựng: máy tính chức năng (function machine) • **qui luật (rule)**

Viết những số được cho vào máy trong cột cho vào. Viết những số từ máy ra trong cột cho ra.

cho vào
Quy Luật
+3
cho ra

cho vào	cho ra
0	3
1	4
2	5
3	6

ZAJ LUS QHIA 5·12 — "Dab Tsi Yog Kuv Txoj Cai?"

Kawm txog "Dab Tsi Yog Kuv Txoj Cai?" uas niajhnub xyaum ua.

Lo Lus: Lub tshuab ua haujlwm (function machine) • **Txoj cai (rule)**

Sau cov nabnpawb uas muab tso nkag rau hauv lub tshuab rau ntawm kem tso nkag. Sau cov nabnpawb uas tawm ntawm lub tshuab los rau ntawm kem tso tawm.

tso nkag
Txoj cai
+3
tso tawm

tso nkag	tso tawm
0	3
1	4
2	5
3	6

5·12 課 — 『我的法則是什麼？』

認識『我的法則是什麼？』活動。

辭彙：函數機器 (function machine) • **法則 (rule)**

把放入機器內的數字寫在輸入欄內。把送出機器的數字寫在輸出欄內。

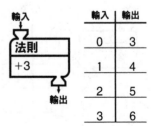

輸入
法則
+3
輸出

輸入	輸出
0	3
1	4
2	5
3	6

Applying Rules

LESSON 5·13

Find the *out* number for given rules and *in* numbers.

Vocabulary: *out* number ('aút 'nəm-bər)
  in number ('in 'nəm-bər)

Use the rule on the **in number** to find
the **out** number.

in	out
5	5 + **2** = 7
9	9 + **2** = 11
17	17 + **2** = 19
48	48 + **2** = 50

Aplicación de reglas

LECCIÓN 5·13

Encuentra el número *de salida* para ciertas reglas y los números
de entrada.

Vocabulario: número de *salida* (*out* number) • número de *entrada*
  (*in* number)

Usa la regla con el **número de entrada**
para obtener el **número de salida**.

entra	sale
5	5 + **2** = 7
9	9 + **2** = 11
17	17 + **2** = 19
48	48 + **2** = 50

تطبيق القواعد الحسابية

الدرس 13·5

أوجد الرقم *الناتج* عن القواعد الحسابية والأرقام *المعطاة*.

المفردات: رقم *ناتج* (*out* number)
رقم *معطى* (*in* number)

استخدم القاعدة الحسابية مع الرقم
المعطى لمعرفة الرقم الناتج.

الناتج	المعطى
7 = **2** + 5	5
11 = **2** + 9	9
19 = **2** + 17	17
50 = **2** + 48	48

BÀI 5•13 Áp Dụng Qui Luật

Tìm số *cho ra* cho những qui luật cho sẵn và số *cho vào*.

Từ Vựng: số *cho ra* (*out* number)
số *cho vào* (*in* number)

Sử dụng qui luật đối với **số cho vào** để tìm **số cho ra.**

cho vào

Quy Luật

Cộng 2

cho ra

cho vào	cho ra
5	5 + 2 = 7
9	9 + 2 = 11
17	17 + 2 = 19
48	48 + 2 = 50

ZAJ LUS QHIA 5•13 Muab Txoj Cai Los Siv

Siv txoj cai nrhiav tus nabnpawb *sab nrauv* thiab cov nabnpawb *sab hauv.*

Lo Lus: Nabnpawb *Sab Nrauv* (*out* number)
Nanpawb *Sab Hauv* (*in* number)

Siv txoj cai rau tus **nabnpawb *sab hauv*** los mus nrhiav tus **nabnpawb *sab nrauv.***

tso nkag

Txoj Cai

Ntxiv 2

tso tawm

Tso nkag	Tso tawm
5	5 + 2 = 7
9	9 + 2 = 11
17	17 + 2 = 19
48	48 + 2 = 50

5•13 課 應用法則

為給定的法則和輸入數字確定*輸出*數字。

辭彙：*輸出*數字 (*out* number)
輸入數字 (*in* number)

對**輸入數字**使用法則來確定**輸出數字**。

輸入

法則

加 2

輸出

輸入	輸出
5	5 + 2 = 7
9	9 + 2 = 11
17	17 + 2 = 19
48	48 + 2 = 50

The Addition/Subtraction Facts Table

LESSON 6·1

Explore patterns in sums of 2 dice. Learn about the Addition/Subtraction Facts Table.

Vocabulary: Addition/Subtraction Facts Table
(ə-'di-shən səb-'trak-shən 'fakts 'tā-bəl)

2 + 8 = 10

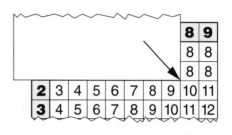

Tabla de operaciones de suma/resta

LECCIÓN 6·1

Explora patrones en sumas de 2 dados. Conoce la tabla de operaciones de suma/resta.

Vocabulario: tabla de operaciones de suma/resta
(Addition/Subtraction Facts Table)

2 + 8 = 10

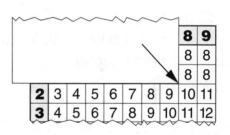

جدول مسائل الجمع والطرح

الدرس 6·1

اكتشف نماذج حاصل جمع النقاط الموجودة على زهرّي نرد. تعرّف على جدول مسائل الجمع والطرح.

المفردات: جدول مسائل الجمع / الطرح (Addition/Subtraction Facts Table)

10 = 8 + 2

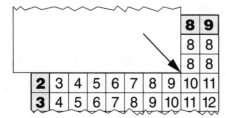

BÀI 6·1

Bảng Tính Cộng/Tính Trừ

Tìm hiểu mô hình tổng số của 2 hột xí ngầu. Tìm hiểu về Bảng Tính Cộng/Tính Trừ.

Từ Vựng: Bảng Tính Cộng/Tính Trừ (Addition/Subtraction Facts Table)

$2 + 8 = 10$

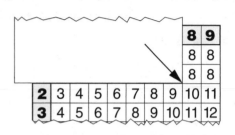

ZAJ LUS QHIA 6·1

Lub Roojntawv Ntawm Leb Sib-Ntxiv/Leb Rho-Tawm

Tshawb kawm txog tej muab 2 lub maj-khauv-lauv sib ntxiv es tawm li cas. Kawm txog lub Roojntawv Ntawm Leb Sib-Ntxiv/Leb Rho-Tawm.

Lo Lus: Lub Roojntawv Ntawm Leb Sib-Ntxiv/Leb Rho-Tawm (Addition/Subtraction Facts Table)

$2 + 8 = 10$

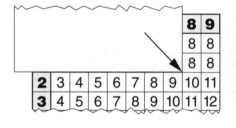

6·1 課

加/減法口訣表

探索兩個骰子的點數之和的規律。學習加法和減法口訣表。

辭彙：加/減法口訣表 (Addition/Subtraction Facts Table)

$2 + 8 = 10$

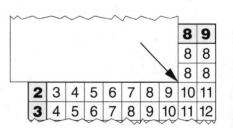

Equivalent Names

Use name-collection boxes to collect equivalent names
for numbers.

Vocabulary: equivalent names (i-'kwiv-lənt 'nāms)
    name-collection box ('nām kə-'lek-shən 'bäks)

The **name-collection box** shows some **equivalent
names** for 7.

7	$\cancel{||||}$ // seven
6 + 1	
5 + 2	$\begin{array}{r} 3 \\ +4 \\ \hline \end{array}$ $\begin{array}{r} 4 \\ +3 \\ \hline \end{array}$

Nombres equivalentes

Usa las cajas de coleccionar nombres para obtener los nombres
equivalentes de los números.

Vocabulario: nombres equivalentes (equivalent names)
    caja de coleccionar nombres (name-collection box)

La **caja de coleccionar nombres** contiene algunos
nombres equivalentes para el 7.

7	$\cancel{||||}$ // siete
6 + 1	
5 + 2	$\begin{array}{r} 3 \\ +4 \\ \hline \end{array}$ $\begin{array}{r} 4 \\ +3 \\ \hline \end{array}$

الصيغ المكافئة للأعداد

استخدم مربعات جمع الأسماء لجمع الصيغ المكافئة للأعداد.

المفردات: صيغ مكافئة (equivalent names)
مربع جمع الأسماء (name-collection box)
يوضح مربع جمع الأسماء بعض الصيغ المكافئة للعدد 7.

7	$\cancel{||||}$ // سبعة
6 + 1	
5 + 2	$\begin{array}{r} 3 \\ +4 \\ \hline \end{array}$ $\begin{array}{r} 4 \\ +3 \\ \hline \end{array}$

Tên Gọi Tương Đương

Dùng những hộp thu nhập tên để thu nhập những tên gọi tương đương cho các số.

Từ Vựng: tên gọi tương đương (equivalent names)
hộp thu nhập tên (name-collection box)

Hộp thu nhập tên cho biết một vài **tên gọi tương đương** của số 7.

7	卌 //	bảy
6 + 1		3 4
5 + 2		+ 4 + 3

Cov Npe Muaj Nqi Sib Npaug

Siv cov kav ntim npe los mus ntim cov nabnpawb uas cov npe muaj nqi sib npaug.

Lo Lus: Cov npe muaj nqi sib npaug (equivalent names)
Lub kav ntim npe (name-collection box)

Lub kav ntim npe qhia txog ib **cov npe muaj nqi sib npaug** rau tus leb 7.

7	卌 //	Xya
6 + 1		3 4
5 + 2		+ 4 + 3

等效名稱

用名稱集合方框來收集數字的等效名稱。

辭彙：等效名稱 (equivalent names)
名稱集合方框 (name-collection box)

這個**名稱集合方框**顯示了數字 7 的一些**等效名稱**。

7	卌 //	七
6 + 1		3 4
5 + 2		+ 4 + 3

LESSON 6·3 Fact Families

Explore addition/subtraction fact families.

Vocabulary: fact family ('fakt 'fam-lē)

Numbers: 3, 5, 8

Fact family:

3 + 5 = 8   5 + 3 = 8

8 − 3 = 5   8 − 5 = 3

LECCIÓN 6·3 Familias de operaciones

Explora familias de operaciones en operaciones de suma/resta.

Vocabulario: familia de operaciones (fact family)

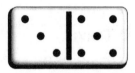

Números: 3, 5, 8

Familia de operaciones:

3 + 5 = 8   5 + 3 = 8

8 − 3 = 5   8 − 5 = 3

الدرس 3·6 عائلات المسائل

تعرّف على عائلات مسائل الجمع والطرح.

المفردات: عائلة المسألة (fact family)

الأرقام: 3، 5، 8

عائلة المسألة:

8 = 3 + 5   8 = 5 + 3

3 = 5 − 8   5 = 3 − 8

BÀI 6•3 — Những Tập Hợp Phép Tính

Tìm hiểu những tập hợp phép tính cộng/tính trừ.

Từ Vựng: tập hợp phép tính (fact family)

Các số: 3, 5, 8

Tập Hợp Phép Tính:

$3 + 5 = 8$ $5 + 3 = 8$

$8 - 3 = 5$ $8 - 5 = 3$

ZAJ LUS QHIA 6•3 — Cov Leb Nyob Ib Tsev

Tshawb kawm cov leb sib-ntxiv/leb rho-tawm uas yog ib tse.

Lo Lus: leb nyob ib tsev (fact family)

Nabnpawb: 3, 5, 8

Leb Nyob Ib Tsev:

$3 + 5 = 8$ $5 + 3 = 8$

$8 - 3 = 5$ $8 - 5 = 3$

6•3 課 — 口訣家族

探索加/減法口訣家族。

辭彙：口訣家族 (fact family)

數字：3，5，8

口訣家族：

$3 + 5 = 8$ $5 + 3 = 8$

$8 - 3 = 5$ $8 - 5 = 3$

LESSON 6·4

Fact Triangles

Use the numbers on a Fact Triangle to make a fact family.

Vocabulary: Fact Triangle ('fakt 'trī-ˌaŋ-gəl)

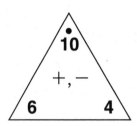

Fact family:

4 + 6 = 10   6 + 4 = 10

10 − 4 = 6   10 − 6 = 4

LECCIÓN 6·4

Triángulos de operaciones

Usa los números de un triángulo de operaciones para formar una familia de operaciones.

Vocabulario: triángulo de operaciones (Fact Triangle)

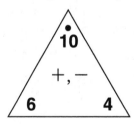

Familia de operaciones:

4 + 6 = 10   6 + 4 = 10

10 − 4 = 6   10 − 6 = 4

الدرس 4·6

مثلثات المسائل

استخدم الأعداد الموجودة في أحد مثلثات المسائل لتكوين عائلة من المسائل.

المفردات: مثلث مسائل (Fact Triangle)

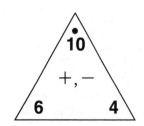

عائلة المسألة:

10 = 4 + 6   10 = 6 + 4

4 = 6 −10   6 = 4 − 10

Vietnamese ◆ Tiếng Việt

Tam Giác Phép Tính

Dùng các số trên Tam Giác Phép Tính để tạo tập hợp phép tính.

Từ Vựng: Tam Giác Phép Tính (Fact Triangle)

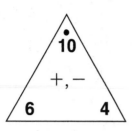

Tập Hợp Phép Tính:

$4 + 6 = 10$ $6 + 4 = 10$

$10 - 4 = 6$ $10 - 6 = 4$

Hmong ◆ Hmoob

Leb Cev Duab Peb Ceg Kaum

Siv cov nabnpawb ntawm cov Leb Cev Duab Peb Ceg Kaum los mus ua zaj leb nyob ib tsev.

Lo Lus: Leb Cev Duab Peb Ceg Kaum (Fact Triangle)

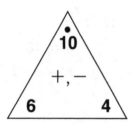

Leb nyob ib tsev:

$4 + 6 = 10$ $6 + 4 = 10$

$10 - 4 = 6$ $10 - 6 = 4$

Traditional Chinese ◆ 中文

口訣三角形

用一個口訣三角形上的數字構造一個口訣家族。

辭彙：口訣三角形 (Fact Triangle)

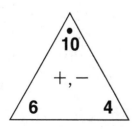

口訣家族：

$4 + 6 = 10$ $6 + 4 = 10$

$10 - 4 = 6$ $10 - 6 = 4$

Using Strategies to Solve Subtraction Facts

Use the Facts Table to find basic addition and subtraction facts.

$4 + 6 = 10$

$6 + 4 = 10$

$10 - 4 = 6$

$10 - 6 = 4$

6-column

+,−	0	1	2	3	4	5	6
0	0	1	2	3	4	5	6
1	1	2	3	4	5	6	7
2	2	3	4	5	6	7	8
3	3	4	5	6	7	8	9
4	4	5	6	7	8	9	10

4-row →

English ◆ English

Uso de estrategias para resolver operaciones de resta

Usa la tabla de operaciones para realizar operaciones básicas de suma y resta.

$4 + 6 = 10$

$6 + 4 = 10$

$10 - 4 = 6$

$10 - 6 = 4$

columna del 6

+,−	0	1	2	3	4	5	6
0	0	1	2	3	4	5	6
1	1	2	3	4	5	6	7
2	2	3	4	5	6	7	8
3	3	4	5	6	7	8	9
4	4	5	6	7	8	9	10

fila del 4 →

Spanish ◆ Español

استخدام طرق حل مسائل الطرح

استخدم جدول المسائل لحل مسائل الجمع والطرح الأساسية.

6- عمود

+,−	0	1	2	3	4	5	6
0	0	1	2	3	4	5	6
1	1	2	3	4	5	6	7
2	2	3	4	5	6	7	8
3	3	4	5	6	7	8	9
4	4	5	6	7	8	9	10

4- صف →

$10 = 6 + 4$

$10 = 4 + 6$

$6 = 4 - 10$

$4 = 6 - 10$

Arabic ◆ عربي

Vietnamese ◆ Tiếng Việt

BÀI 6·5 — Sử Dụng Các Chiến Lược Giải Các Phép Trừ

Dùng Bảng Phép Tính để tìm những phép tính cộng và trừ căn bản.

$4 + 6 = 10$

$6 + 4 = 10$

$10 - 4 = 6$

$10 - 6 = 4$

6 cột

+,−	0	1	2	3	4	5	6
0	0	1	2	3	4	5	6
1	1	2	3	4	5	6	7
2	2	3	4	5	6	7	8
3	3	4	5	6	7	8	9
4	4	5	6	7	8	9	10

4 hàng →

Hmong ◆ Hmoob

ZAJ LUS QHIA 6·5 — Siv Tswvyim Ua Cov Leb Sib RhoTawm

Siv lub Roojntawv Leb los pab ua cov leb sib-ntxiv thiab leb sib-rho tawm.

$4 + 6 = 10$

$6 + 4 = 10$

$10 - 4 = 6$

$10 - 6 = 4$

Kem 6
Rov Ntsug

+,−	0	1	2	3	4	5	6
0	0	1	2	3	4	5	6
1	1	2	3	4	5	6	7
2	2	3	4	5	6	7	8
3	3	4	5	6	7	8	9
4	4	5	6	7	8	9	10

Kem 4
Rov Tav →

Traditional Chinese ◆ 中文

6·5 課 — 使用策略來解決減法口訣

用口訣表來找出基本的加法和減法口訣。

$4 + 6 = 10$

$6 + 4 = 10$

$10 - 4 = 6$

$10 - 6 = 4$

6-列

+,−	0	1	2	3	4	5	6
0	0	1	2	3	4	5	6
1	1	2	3	4	5	6	7
2	2	3	4	5	6	7	8
3	3	4	5	6	7	8	9
4	4	5	6	7	8	9	10

4-行 →

LESSON 6·6 — The Centimeter

Measure to the nearest centimeter. Know that the centimeter is a metric unit of length.

Vocabulary: cm ('sē 'em) • **centimeter** ('sen-tə-ˌmē-tər) • **nearest centimeter** ('nir-est 'sen-tə-ˌmē-tər) • **metric system** ('me-trik 'sis-təm)

Line up one end with the 0-mark on the ruler.

The paper clip is about 5 **centimeters** long.

LECCIÓN 6·6 — El centímetro

Mide al centímetro más cercano. Conoce el centímetro como una medida métrica de longitud.

Vocabulario: cm (cm) • **centímetro** (centimeter) • **centímetro más cercano** (nearest centimeter) • **sistema métrico** (metric system)

Alinea un extremo con la marca 0 de la regla.

Un clip tiene una longitud de más o menos 5 **centímetros.**

الدرس 6·6 — السنتيمتر

قم بالقياس إلى أقرب قيمة بالسنتيمتر. اعلم أن السنتيمتر هو وحدة قياس مترية للطول.

المفردات: سم (cm) • **سنتيمتر (centimeter)** • **أقرب قيمة بالسنتيمتر (nearest centimeter)** • **النظام المتري (metric system)**

قم بمحاذاة أحد طرفي الشيء المراد قياسه مع رقم 0 على المسطرة.

طول مشبك الورق حوالي 5 **سنتيمتر.**

Đơn Vị Centimét

Đo theo đơn vị centimét gần nhất. Biết rằng centimét là đơn vị chiều dài theo mét.

Từ Vựng: cm (cm) • centimét (centimeter) •
đơn vị centimét gần nhất (nearest centimeter) •
hệ thống mét (metric system)

Đặt một đầu thẳng hàng với dấu 0 trên thước đo.

Kẹp giấy dài khoảng 5 **centimét.**

Xees-tis-mib-Tawj (Centimeter)

Ntsuas kom ze xees-tis-mib-tawj tshaj plaws. Yuav tsum paub tias xees-tis-mib-tawj yog hom npe ua mev (metric) siv ntsuas qhov ntev.

Lo Lus: cm (cm) • Xees-tis-mij-tawj (centimeter) • Ze tshaj plaws rau xees-tis-mij-tawj (nearest centimeter) • Hom ntsuas ua mev (metric) (metric system)

Tso lub 0 ntawm tus pas ntsuas kom ncaj rau ib tog kawg.

Rab koob tais ntawv ntev thajtsam li 5 **xees-tis-mib-tawj.**

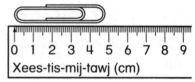

釐米

測量物體的長度，精確到釐米；認識釐米是一個公制長度單位。

辭彙： cm（釐米的縮寫）• 釐米 (centimeter) •
精確到釐米 (nearest centimeter) • 公制 (metric system)

把曲別針的一端與直尺的 0 刻度線對齊。

這個曲別針的長度大約是 5 **釐米。**

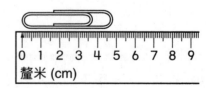

EXPLORATIONS: Exploring Pattern Blocks, Addition Facts, and Triangles

Find how many smaller pattern blocks are needed to cover a larger pattern block. Practice addition facts. Explore triangles.

6 triangle blocks are needed to cover 1 hexagon block.

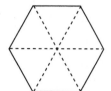

EXPLORACIONES: Exploración de bloques de patrones, sumas y triángulos

Descubre cuántos bloques de patrones más pequeños se necesitan para cubrir un bloque de patrones más grande. Practica sumas. Explora los triángulos.

Para cubrir 1 bloque hexagonal se necesitan 6 bloques triangulares.

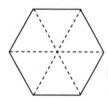

استكشافات: التعرّف على قوالب الأنماط ومسائل الجمع والمثلثات

أوجد عدد القوالب الصغيرة المطلوبة لتغطية أحد القوالب الأكبر حجمًا. تدرّب على مسائل الجمع. تعرّف على المثلثات.

تحتاج إلى 6 مثلثات لتغطية شكل واحد سداسي الأضلاع.

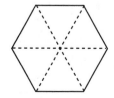

BÀI 6·7

KHÁM PHÁ: Tìm Hiểu Những Khối Mô Hình, Các Phép Tính Cộng, và Các Tam Giác

Tìm số lượng khối mô hình nhỏ cần thiết để phủ kín một khối mô hình lớn. Thực tập phép tính cộng. Tìm hiểu các tam giác.

Cần 6 khối hình tam giác để phủ kín 1 khối hình lục giác.

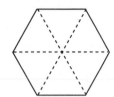

 ZAJ LUS QHIA 6·7

KAM TSAWB KAWM: Tshawb Kawm Txog Cov Tog Ntoo lossis Tog Roj-Hmab, Cov Leb Sib-Ntxiv, thiab Cov Cev Duab Peb Ceg Kaum

Nrhiav saib yuav siv pes tsawg lub tog ntoo me lossis tog rojhmab me thiaj li yuav npog tau lub tog ntoo loj. Xyaum ua leb sib-ntxiv. Tshawb kawm txog cov cev duab peb ceg kaum.

Siv 6 thooj cev duab peb ceg kaum thiaj li yuav npog tag lub cev duab muaj rau lub ceg kaum.

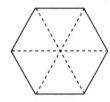

6·7 課

探索：探索圖樣塊、加法口訣和三角形

確定要覆蓋一個較大的圖樣塊需要多少塊小的圖樣塊。練習加法口訣。研究三角形。

覆蓋一個六邊形塊需要 6 個三角形塊。

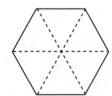

Addition Facts Practice with "What's My Rule?"

Find missing input numbers for the "What's My Rule?" routine.

Vocabulary: input ('in-ˌpu̇t)
output ('au̇t-ˌpu̇t)

When the rule is *Add 3*, you can subtract 3 from the number in the out column to find the missing number in the in column.

in	out
5 – 3 = 2	5
6 – 3 = 3	6
9 – 3 = 6	9

in → Rule *Add 3* → out

Práctica sumas con "¿Cuál es mi regla?"

Encuentra números de entrada faltantes en la rutina "¿Cuál es mi regla?"

Vocabulario: entrada (input)
salida (output)

Cuando la regla es *Sumar 3*, podemos restar 3 al número de la columna de sale para obtener el número que falta en la columna de entra.

entra	sale
5 – 3 = 2	5
6 – 3 = 3	6
9 – 3 = 6	9

entra → regla *Sumar 3* → sale

التدريب على مسائل الجمع مع طريقة "ما هي قاعدتي الحسابية؟"

الدرس 8·6

أوجد الناقص من الأرقام المعطاة في طريقة "ما هي قاعدتي الحسابية؟".

المفردات: المعطى (input)
الناتج (output)

عندما تكون القاعدة الحسابية هي "أضف 3"، فبإمكانك طرح 3 من الرقم الموجود في عمود الناتج لمعرفة الرقم الناقص من عمود الأرقام المعطاة.

الناتج	المعطى
5	5 – 3 = 2
3	6 – 3 = 3
6	9 – 3 = 6

المعطى → القاعدة *أضف 3* → الناتج

BÀI 6·8 — Thực Tập Phép Tính Cộng Với "Qui Luật Của Tôi Là Gì?"

Tìm những số cho vào thiếu sót cho bài tập "Qui Luật Của Tôi Là Gì?".

Từ Vựng: số cho vào (input)
số cho ra (output)

Khi qui luật là *Cộng 3*, các em có thể trừ 3 ra khỏi con số nằm trong cột cho ra để tìm số còn thiếu nằm trong cột cho vào.

cho vào

Quy Luật
Cộng 3

cho ra

số cho vào	số cho ra
5 − 3 = 2	5
6 − 3 = 3	6
9 − 3 = 6	9

ZAJ LUS QHIA 6·8 — Siv "Dab Tsi Yog Kuv Txoj Cai?" Los Mus Xyaum Ua Leb Sib-Ntxiv

Xyaum siv "Dab Tsi Yog Kuv Txoj Cai" los mus nrhiav tus leb ploj lawm.

Lo Lus: Tso Nkag (input) • Tso Tawm (output)

Thaum txoj cai hais tias *ntxiv 3*, koj muaj peevxwm rho 3 tawm ntawm kem ntawv tias tawm, es koj thiaj nrhiav tau tus nabnpawb uas ploj lawm nyob rau kem ntawv tias nkag rau.

tso nkag

Txoj cai
Ntxiv 3

tso tawm

Tso Nkag	Tso Tawm
5 − 3 = 2	5
6 − 3 = 3	6
9 − 3 = 6	9

6·8 課 — 利用『我的法則是什麼？』練習加法口訣

在『我的法則是什麼？』活動中找出缺失了的輸入數字。

辭彙：輸入 (input)
輸出 (output)

當法則是『*加 3*』時，你可以把輸出一欄中的數字減去 3，這樣就得到了輸入一欄中缺失的數字。

輸入

法則
加 3

輸出

輸入	輸出
5 − 3 = 2	5
6 − 3 = 3	6
9 − 3 = 6	9

LESSON 6·9 Quarters

Find the value of collections of quarters, dimes, nickels, and pennies. Show money amounts with coins.

Vocabulary: quarter ('kwȯr-tər)
amount (ə-'maùnt)

65¢

25¢ 35¢ 45¢ 55¢ 60¢ 65¢

English ◆ English

LECCIÓN 6·9 Quarters

Halla el valor de las colecciones de *quarters*, *dimes*, *nickels* y *pennies*. Expresa cantidades de dinero con monedas.

Vocabulario: *quarter* (quarter)
cantidad (amount)

65¢

25¢ 35¢ 45¢ 55¢ 60¢ 65¢

Spanish ◆ Español

الدرس 9·6 عملات الربع دولار

أوجد قيمة مجموعة من عملات الربع دولار والعشر سنتات والخمس سنتات والبنسات. عبّر عن مقدار النقود بالعملات.

المفردات: عملة الربع دولار (quarter)
المقدار (amount)

¢65

¢25 ¢35 ¢45 ¢55 ¢60 ¢65

Arabic ◆ عربي

6•9 BÀI
Đồng Hai Mươi Lăm Xu

Tìm giá trị tập hợp của những đồng hai mươi lăm xu, đồng mười xu, đồng năm xu, và đồng một xu. Biểu thị số tiền bằng những đồng tiền cắc.

Từ Vựng: đồng hai mươi lăm xu (quarter)
số tiền (amount)

65¢

25¢ 35¢ 45¢ 55¢ 60¢ 65¢

ZAJ LUS QHIA 6•9
Npib Khuab-tawj

Nrhiav saib cov nees nkaum tsib xees, cov dais, cov niv-kaum, thiab npib liab uas khaws los muaj nqi li cas. Qhia saib cov npib raug nyiaj li cas.

Lo Lus: Khuab-tawj (quarter)
Qhov ntau (amount)

65¢

25¢ 35¢ 45¢ 55¢ 60¢ 65¢

6•9 課
二十五美分硬幣

確定幾個二十五美分硬幣、十美分硬幣、五美分硬幣和一美分硬幣加起來的幣值。用硬幣來表示金額。

辭彙：二十五美分硬幣 (quarter)
數額 (amount)

65¢

25¢ 35¢ 45¢ 55¢ 60¢ 65¢

Digital Clocks

Identify the number of minutes around the face of an analog clock. Learn about digital time.

Vocabulary: digital clock (ˈdi-jə-tᵊl ˈkläk)

1:15

 LECCIÓN 6·10

Relojes digitales

Identifica los números de los minutos alrededor de la cara de un reloj analógico. Aprende la hora digital.

Vocabulario: reloj digital (digital clock)

1:15

الساعات الرقمية **الدرس 10·6**

حدّد عدد الدقائق الموجودة على وجه الساعة التناظرية. تعرّف على الوقت الرقمي.

المفردات: ساعة رقمية (digital clock)

1:15

Đồng Hồ Hiển Thị Số (Điện Tử)

Xác định số phút xung quanh mặt của một đồng hồ quay kim. Tìm hiểu về giờ hiển thị bằng số.

Từ Vựng: đồng hồ hiển thị số (digital clock)

1:15

Cov Moo Siv Leb Qhia

Xyuas kom paub tus nabnpawb nas-this nyob ntawm lub moo siv tus koob tes qhia moo. Kawm txog cov leb qhia sijhawm.

Lo Lus: Lub moo siv leb qhia (digital clock)

1:15

數字時鐘

確定指針式時鐘的錶盤一圈有多少分鐘。學習數字時間。

辭彙：數字時鐘 (digital clock)

1:15

Introducing *My Reference Book*

Learn about *My Reference Book*.

Vocabulary: *My Reference Book* ('mī 're-fərn(t)s 'bùk)
Table of Contents ('tā-bəl əv 'kən-tents)

My Reference Book may be used during math time.

You can find the page number of the first page of a topic in the
Table of Contents.

My Reference Book has a different section for each topic. It also
has a section for games that you can use.

Presentación de *Mi libro de consulta*

Aprende acerca de *Mi libro de consulta*.

Vocabulario: *Mi libro de consulta* (*My Reference Book*)
contenido (Table of Contents)

Mi libro de consulta puede usarse durante la clase de matemáticas.

En el **contenido** se encuentran los números de la primera página de
cada tema.

Mi libro de consulta tiene una sección diferente para cada tema. También
incluye una sección de juegos que puedes usar.

مقدمة عن الكتاب المرجعي *My Reference Book*

تعرّف على كتاب *My Reference Book*.

المفردات: كتاب *My Reference Book* (*My Reference Book*)
جدول المحتويات (Table of Contents)

يمكن الاستعانة بكتاب *My Reference Book* أثناء وقت دراسة الرياضيات.

وبإمكانك إيجاد رقم الصفحة الأولى لكل موضوع في **جدول المحتويات.**

ويحتوي كتاب *My Reference Book* على قسم مختلف لكل موضوع، كما يحتوي أيضًا
على قسم للألعاب التي يمكن الاستفادة بها.

Giới Thiệu *Sách Tham Khảo Của Em*

Tìm hiểu về *Sách Tham Khảo Của Em.*

Từ Vựng: *Sách Tham Khảo Của Em (My Reference Book)*
  mục lục **(Table of Contents)**

Sách Tham Khảo Của Em có thể được sử dụng trong giờ toán.

Các em có thể tìm số trang của trang đầu tiên của một chủ đề trong **mục lục.**

Sách Tham Khảo Của Em có từng phần khác nhau cho mỗi chủ đề. Sách cũng có một phần dành riêng cho những trò chơi mà các em có thể sử dụng.

Qhia Rau Paub Txog *Kuv Phau Ntawv Pab Qhia Txog Ub No.*

Kawm txog *Kuv Phau Ntawv Pab Qhia Txog Ub No.*

Lo Lus: *Kuv Phau Ntawv Pab Qhia Txog Ub No (My Reference Book)*
  Lub Roojntawv Txog Cov Ncaujlus (Table of Contents)

Xav muab **Kuv Phau Ntawv Pab Qhia Txog Ub No** siv thaum lub sijhawm kawm txog leb los tau. Xyuas ntawm **Lub Roojntawv Txog Cov Ncaujlus** yog xav paub daim nplooj ntawv nabnpawb xub thawj txog zaj lus ntawd. *Kuv Phau Ntawv Pab Qhia Txog Ub No* muaj ntau nqe zoo sib txawv uas hais txog ib zaj lus twg. Nws kuj muaj nqe ua txog kev uasi uas koj muaj peevxwm siv tau.

認識 《我的參考書》

認識 《我的參考書》。

辭彙： **《我的參考書》** *(My Reference Book)*
  目錄 (Table of Contents)

《我的參考書》 可以在學習數學的時候使用。

你可以從**目錄**中找到某個主題的第一頁的頁數。

《我的參考書》 為不同的主題設置了不同的章節，並且還把遊戲設置了一章供你來玩。

LESSON 6·12 — Data Landmarks

Understand data landmarks. Practice collecting data and making bar graphs.

Vocabulary: middle value ('mi-dᵊl 'val-(ˌ)yü)
          range ('rānj)

The difference between the largest and smallest numbers in a data set is called the **range.** The **middle value,** or median, describes a typical result. You can display the data you collect on a bar graph.

LECCIÓN 6·12 — Hitos sobre datos

Comprende hitos sobre datos. Practica reuniendo datos y haciendo gráficas de barra.

Vocabulario: valor medio (middle value)
          rango (range)

La diferencia entre los números más grandes y más pequeños en un conjunto de datos se llama el **rango.** El **valor medio,** o mediana, describe un resultado típico. Puedes presentar los datos que reúnes en una gráfica de barras.

معالم المعطيات — الدرس 12·6

تعرف على معالم البيانات وتدرب على جمع المعطيات وإنشاء مخططات الأعمدة.

المفردات: القيمة الوسطى (middle value)
المدى (range)

يطلق مصطلح **المدى** على الفرق بين أكبر عدد وأصغر عدد في مجموعة من المعطيات. وتعبر **القيمة الوسطى،** أو الوسيط، عن نفس النتيجة. بإمكانك تمثيل المعطيات التي قمت بجمعها على مخطط أعمدة.

BÀI 6·12 Những Giá Trị Tiêu Biểu Trong Số Liệu

Tìm hiểu những giá trị tiêu biểu trong số liệu. Thực tập thu thập số liệu và vẽ biểu đồ thanh.

Từ Vựng: giá trị ở giữa (middle value)
khoảng cách biệt (range)

Hiệu số giữa số lớn nhất và số nhỏ nhất trong một tập hợp số liệu được gọi là **khoảng cách biệt. Giá trị ở giữa,** hay trung bình, mô tả một kết quả điển hình. Các em có thể thể hiện những số liệu các em thu thập được trên một biểu đồ thanh.

ZAJ LUS QHIA 6·12 Cov Cim Qhia Chaw Txog Deb-Tas

Tau taub txog cov cim qhia chaw txog deb-tas. Xyaum khaws deb-tas sau tseg thiab kos cov qauv duab ua tej ya graph.

Lo Lus: tus leb nruab nrab (middle value)
qhov deb ntawm ib tog rau ib tog (range)

Qhov sib txawv ntawm tus leb loj tshaj thiab me tshaj plaws hauv pawg deb-tas mas hu ua **qhov deb ntawm ib tog rau ib tog. Tus leb hauv nruab nrab,** lossis tus leb nyob ncaj hauv nruab nrab, piav txog qee hom ntsiab lus. Koj muab cov deb-tas khaws sau tseg kos ua tus qauv duab ua tej ya graph qhia los tau.

6·12 課 數據特徵值

理解數據特徵值。練習收集數據和製作條形圖。

辭彙：中間值 (middle value) 極差 (range)

數據集內最大數和最小數之間的差被稱為**極差。中間值**，或中值，可用於描述典型的結果。你可以在條形圖上顯示你收集的數據。

LESSON 7·1 Attribute Rules

Sort attribute blocks according to attribute rules.

Vocabulary: triangle ('trī-ˌaŋ-gəl) • **square** ('skwer) • **rectangle** ('rek-ˌtaŋ-gəl) • **hexagon** ('hek-sə-ˌgän) • **circle** ('sər-kəl) • **attribute** ('a-trə-ˌbyüt)

| triangle | square | rectangle | hexagon | circle |

Shape, color, and size are **attributes**.

LECCIÓN 7·1 Reglas sobre atributos

Clasifica los bloques de atributos de acuerdo a las reglas sobre atributos.

Vocabulario: triángulo (triangle) • **cuadrado** (square) • **rectángulo** (rectangle) • **hexágono** (hexagon) • **círculo** (circle) • **atributo** (attribute)

| triángulo | cuadrado | rectángulo | hexágono | círculo |

La forma, el color y el tamaño son **atributos**.

الدرس 1·7 قواعد الصفات

قم بتصنيف مكعبات الصفات طبقًا لقواعد الصفات.

المفردات: مثلث (triangle) • مربع (square) • مستطيل (rectangle) • سداسي الأضلاع (hexagon) • دائرة (circle) • صفة (attribute)

| دائرة | سداسي الأضلاع | مستطيل | مربع | مثلث |

الصفات هي الشكل واللون والحجم.

Những Qui Luật Thuộc Tính

Xếp loại những khối thuộc tính theo các qui luật thuộc tính.

Từ Vựng: hình tam giác (triangle) • hình vuông (square) •
hình chữ nhật (rectangle) • hình lục giác (hexagon) •
hình tròn (circle) • thuộc tính (attribute)

| tam giác | hình vuông | hình chữ nhật | lục giác | hình tròn |

Hình dạng, màu sắc, và kích cỡ đều là **những thuộc tính.**

Cov Cai Hais Txog Ntawm Tias Vim Tom Es Thiaj Muaj Nov

Muab cov khoom ua tej thooj los faib raws li txoj cai tias vim tom es thiaj muaj nov.

Lo Lus: Cev duab peb ceg kaum (triangle) • Lub duab plaub fab
(square) • Lub duab plaub fab uas muaj ob fab ntev ob fab lub
(rectangle) • lub duab rau ces kaum (hexagon) • Lub vojvoog
(circle) • vim tom es thiaj muaj nov (attribute)

| cev duab peb ceg kaum | lub duab plaub fab | lub duab plaub fab uas muaj ob fab ntev ob fab luv | lub duab rau ces kaum | lub vojvoog |

Cev duab, xim, thiab qhov loj yog tej qhia tias **vim tom es thiaj muaj nov.**

屬性法則

根據屬性法則來為屬性方塊分類。

辭彙：三角形 (triangle) • 正方形 (square) • 長方形 (rectangle) •
六邊形 (hexagon) • 圓形 (circle) • 屬性 (attribute)

| 三角形 | 正方形 | 長方形 | 六邊形 | 圓形 |

形狀、顏色和大小都是**屬性**。

EXPLORATIONS: Exploring Attributes, Designs, and Fact Platters

Sort by attribute rules. Learn addition facts.

In the *Attribute Train Game* you will tell how the attributes of one block are different from the attributes of another block.

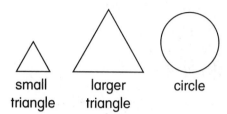

small triangle   larger triangle   circle

EXPLORACIONES: Exploración de atributos, diseños y discos numerados para realizar operaciones matemáticas

Clasifica de acuerdo a las reglas sobre atributos.
Aprende sumas.

En el *Juego didáctico de atributos*, podrás ver cómo los atributos de un bloque son diferentes de los atributos de otro bloque.

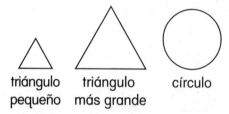

triángulo pequeño   triángulo más grande   círculo

استكشافات: التعرّف على الصفات والتصميمات وقوالب المسائل

قم بالتصنيف طبقًا لقواعد الصفات. تعلّم مسائل الجمع.

ستتعرّف من خلال لعبة قطار الصفات كيف أن صفات أحد المكعبات تختلف عن صفات الآخر.

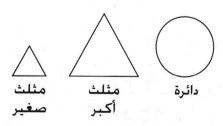

مثلث صغير   مثلث أكبر   دائرة

KHÁM PHÁ: Tìm Hiểu Những Thuộc Tính, Thiết Kế, và Đĩa Phép Tính

Sắp xếp theo thứ tự những qui luật về thuộc tính. Tìm hiểu những phép tính cộng.

Trong *Trò Chơi Xe Lửa Thuộc Tính* các em sẽ cho biết những thuộc tính của khối này khác với những thuộc tính của khối kia ra sao.

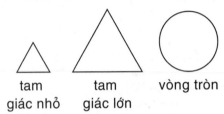

tam giác nhỏ   tam giác lớn   vòng tròn

KAM TSAWB KAWM: Tshawb Kawm Txog Tej Qhia Tias Vim Tom Thiaj Muaj Nov, Tej Duab thiab Cov Phaj Duab Txog Leb

Muab faib raws txoj cai tias vim tov thiaj muaj nov. Kawm txog cov leb sib-ntxiv.

Txoj *kev uasi txog lub tsheb ciav hlau uas siv qhov tias vim tom thiaj muaj nov* yuav pab qhia rau koj paub tias ib yav rojhmab zoo txawv yav tom ntej li cas.

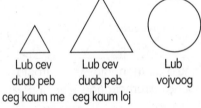

Lub cev duab peb ceg kaum me   Lub cev duab peb ceg kaum loj   Lub vojvoog

探索：探索屬性、圖案和口訣碟子

按屬性法則分類；學習加法口訣。

在『屬性訓練游戲』中，你要說出一個方塊的屬性與另一個有什麼不同。

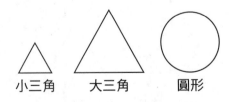

小三角   大三角   圓形

Vietnamese ◆ Tiếng Việt

Hmong ◆ Hmoob

Traditional Chinese ◆ 中文

LESSON 7·3 Pattern-Block and Template Shapes

Identify plane shapes. Investigate characteristics of plane shapes.

Vocabulary: trapezoid ('tra-pə-ˌzȯid) • **rhombus** ('räm-bəs) • **side** ('sīd) •
corner ('kȯr-nər) • **square corner** ('skwer 'kȯr-nər) •
polygon ('pä-lē-ˌgän)

Plane shapes are flat surfaces. Each of these plane shapes has 4 **sides**
and 4 **corners**.

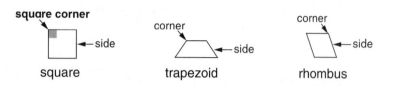

square   trapezoid   rhombus

LECCIÓN 7·3 Bloques de patrones y plantilla de formas

Identifica las formas planas e identifica sus características.

Vocabulario: trapezoide (trapezoid) • **rombo** (rhombus) • **lado** (side) •
esquina (corner) • **esquina cuadrada** (square corner) •
polígono (polygon)

Las formas planas son superficies llanas. las siguientes tienen 4 **lados** y
4 **esquinas**.

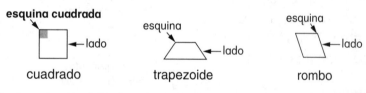

cuadrado   trapezoide   rombo

الدرس 7·3 قوالب الأنماط وأشكال النماذج

تعرّف على الأشكال المستوية. تحقّق من خصائص الأشكال المستوية.

المفردات: شبه المنحرف (trapezoid) • معيّن (rhombus) • ضلع (side) •
زاوية (corner) • زاوية مربعة (square corner) • مضلع (polygon)

الأشكال المستوية هي أسطح منبسطة. يحتوي كل شكل من هذه الأشكال على 4 أضلاع
و4 زوايا.

معيّن   شبه المنحرف   مربع

Khối Mô Hình và Kiểu Dáng Mẫu

BÀI 7·3

Nhận diện những hình phẳng. Tìm hiểu những đặc tính của hình phẳng.

Từ Vựng: hình thang (trapezoid) • hình thoi (rhombus) • cạnh (side) • góc (corner) • góc vuông (square corner) • đa giác (polygon)

Hình phẳng là những bề mặt phẳng. Mỗi hình phẳng này đều có 4 **cạnh** và 4 **góc**.

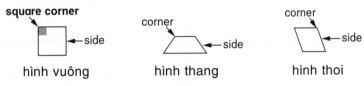

hình vuông   hình thang   hình thoi

Vietnamese ◆ Tiếng Việt

Cov Tog-Ntoo Iossis Cov Tog Roj-Hmab thiab Cov Cev Duab Ua Tej Daim

ZAJ LUS QHIA 7·3

Qhia txog cov duab ua tej daim. Tshawb xyuas cov yeebyam ntawm cov duab ua tej daim.

Lo Lus: Duab plaub-fab muaj tog loj tog me (trapezoid) • Duab plaub-fab ua ntsais (rhombus) • Sab (side) • Ces-kaum (corner) • Ces-kaum Uas Ob Sab Sib Dhos Ncaj Ncaj (square corner) • Cev duab muaj kab thaiv tag ua ces kaum (polygon)

Cov cev duab ua daim lub nroog plawv tiaj tiaj. Cov cev duab no ib lub twg muaj 4 **sab** thiab 4 **ces-kaum**.

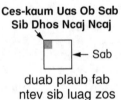

duab plaub fab ntev sib luag zos   duab plaub fab muaj tog loj tog me   duab plaub fab ua ntsais

Hmong ◆ Hmoob

圖樣塊和模板圖形

7·3 課

認識平面圖形,研究平面圖形的特性。

辭彙:梯形 (trapezoid) • 菱形 (rhombus) • 邊 (side) • 角 (corner) 直角 (square corner) • 多邊形 (polygon)

平面圖形都是平面的。這些平面圖形中的每一個都有 4 條**邊**和 4 個**角**。

正方形   梯形   菱形

Traditional Chinese ◆ 中文

LESSON 7·4

Making Polygons

Learn more about polygons.

You can compare and contrast polygons.

triangles	4-sided polygons	other polygons

These polygons have 3 sides and 3 angles.	These polygons have 4 sides and 4 angles.	These polygons have different numbers of sides and angles.

LECCIÓN 7·4

Construcción de polígonos

Aprende más acerca de los polígonos.

Puedes comparar y diferenciar polígonos.

triángulos	polígonos cuadriláteros	otros polígonos
Estos polígonos tienen 3 lados y 3 ángulos.	Estos polígonos tienen 4 lados y 4 ángulos	Estos polígonos tienen diferentes números de lados y ángulos

---

الدرس 7·4

عمل المضلعات

تعلّم المزيد عن المضلعات.

يمكن المقارنة والمفاضلة بين المضلعات.

مضلعات أخرى	المضلعات رباعية الأضلاع	المثلثات

تتكون هذه المضلعات من أعداد مختلفة من الأضلاع والزوايا.	تتكون هذه المضلعات من 4 أضلاع و4 زوايا.	تتكون هذه المضلعات من 3 أضلاع و3 زوايا.

BÀI 7·4

Tạo Lập Đa Giác

Tìm hiểu thêm về đa giác.

Các em có thể so sánh và đối chiếu các đa giác.

tam giác	đa giác 4-cạnh	những đa giác khác

Những đa giác này có 3 cạnh và 3 góc.

Những đa giác này có 4 cạnh và 4 góc.

Những đa giác này có số cạnh và góc khác nhau.

ZAJ LUS QHIA 7·4

Ua Cov Cev Duab Muaj Kab Thaiv Tag Ua Ces Kaum

Kawm ntxiv txog cov cev duab muaj kab thaiv tag ua ces kaum.

Koj muaj peevxwm muab lawv sib piv xyuas saib lawv sib txawv txav li cas.

Cev duab peb ceg kaum	Cov cev duab muaj 4 sab	Lwm hom cev duab muaj kab thaiv tag ua ces kaum

Hom cev duab no lawv muaj 3 sab thiab 3 ces kaum

Hom cev duab no lawv muaj 4 sab thiab 4 ces kaum

Cov cev duab no muaj ntau sab thiab ntau ces kaum

7·4 課

畫多邊形

更多地瞭解多邊形。

你可以比較和對比不同的多邊形。

三角形	四邊形	其他多邊形

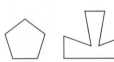

這些多邊形都有 3 條邊和 3 個角。

這些多邊形都有 4 條邊和 4 個角。

這些多邊形有著數量不同的邊和角。

Spheres, Cylinders, and Rectangular Prisms

LESSON 7·5

Identify spheres, cylinders, and rectangular prisms.
Explore the characteristics of these shapes.

Vocabulary: sphere ('sfir) • **cylinder** ('si-lən-dər) • **rectangular prism**
(rek-'taŋ-gyə-lər 'pri-zəm) • **surface** ('sər-fəs) • **face** ('fās)

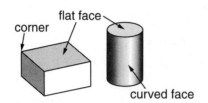

corner
flat face
curved face

sphere

Esferas, cilindros y prismas rectangulares

LECCIÓN 7·5

Identifica esferas, cilindros y prismas rectangulares. Explora las
características de estas formas.

Vocabulario: esfera (sphere) • **cilindro** (cylinder) • **prisma rectangular**
(rectangular prism) • **superficie** (surface) • **cara** (face)

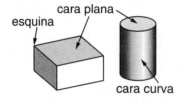

esquina
cara plana
cara curva

esfera

الأشكال الكروية والأسطوانية والمنشورية المستطيلة

الدرس 5·7

تعرّف على الأشكال الكروية والأسطوانية والمنشورية المستطيلة.
استكشف خصائص هذه الأشكال.

المفردات: كرة (sphere) • أسطوانة (cylinder) • منشور مستطيل
(rectangular prism) • سطح (surface) • وجه (face)

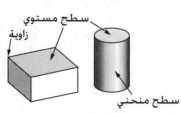

سطح مستوي
زاوية
سطح منحني
كرة

BÀI 7·5 — Khối Cầu, Hình Trụ, và Lăng Trụ Hình Chữ Nhật

Nhận diện khối cầu, hình trụ, và lăng trụ hình chữ nhật. Tìm hiểu đặc tính của những hình dạng này.

Từ Vựng: khối cầu (sphere) • hình trụ (cylinder) • lăng trụ hình chữ nhật (rectangular prism) • bề mặt (surface) • mặt (face)

góc   mặt phẳng

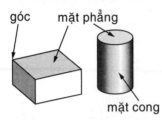

mặt cong   hình cầu

ZAJ LUS QHIA 7·5 — Cov Pob Kheej, Lub Raj Kheej Ob Tog Sib Luag Zos, thiab Cov Thawv Ob Tog Ntev Sib Luag

Kawm kompaub cov pob kheej, cov raj, thiab cov thawv ntev. Kawm xyuas saib cov cev duab no muaj yeebyam li cas.

Lo Lus: Lub pob kheej (sphere) • Lub raj (cylinder) Lub thawv ntev (rectangular prism) • Lub nroog plawv (surface) • Lub ntsejmuag (face)

Ces kaum   Ntsejmuag tiaj

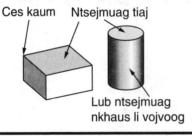

Lub ntsejmuag nkhaus li vojvoog   Lub pob kheej

7·5 課 — 球體、圓柱體和長方形棱柱

認識球體、圓柱體和長方形棱柱,探索這些立體圖形的特性。

辭彙： 球體 (sphere) • 圓柱體 (cylinder) • 長方形棱柱 (rectangular prism) • 表面 (surface) • 面 (face)

角   平面

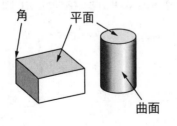

曲面   球體

Pyramids, Cones, and Cubes

Identify pyramids, cones, and cubes and investigate their characteristics.

Vocabulary: pyramid ('pir-ə-ˌmid) • **cone** ('kōn) • **cube** ('kyüb)

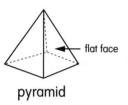

flat face

pyramid

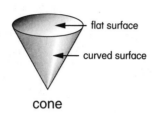

flat surface

curved surface

cone

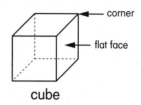

corner

flat face

cube

English ♦ English

Pirámides, conos y cubos

Identifica pirámides, conos y cubos e investiga sus características.

Vocabulario: pirámide (pyramid) • **cono** (cone) • **cubo** (cube)

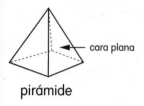

cara plana

pirámide

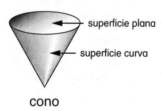

superficie plana

superficie curva

cono

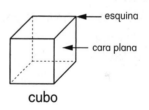

esquina

cara plana

cubo

Spanish ♦ Español

الأشكال الهرمية والمخروطية والمكعبات

تعرّف على الأشكال الهرمية والمخروطية والمكعبات واستكشف خصائصها.

المفردات: هرم (pyramid) • مخروط (cone) • مكعب (cube)

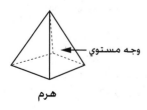

وجه مستوي

هرم

سطح مستوي

سطح منحني

مخروط

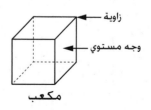

زاوية

وجه مستوي

مكعب

Arabic ♦ عربي

BÀI 7·6 Kim Tự Tháp, Hình Nón, và Hình Lập Phương

Nhận diện các kim tự tháp, hình nón, và hình lập phương và tìm hiểu những đặc tính của chúng.

Từ Vựng: kim tự tháp (pyramid) • hình nón (cone)
hình lập phương (cube)

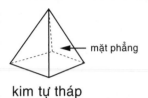

kim tự tháp — mặt phẳng

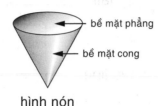

hình nón — bề mặt phẳng / bề mặt cong

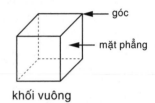

khối vuông — góc / mặt phẳng

ZAJ LUS QHIA 7·6 Lub Cev Duab Muaj Peb Fab Es Lub Hau Zuag, Lub Cev Duab Kheej Kheej Muaj Lub Hau Zuag thiab Lub Thawv Muaj Rau Fab Loj Sib Luag

Kawm kom paub lub cev duab muaj peb fab es lub hau zuag, lub cev duab kheej kheej muaj lub hau zuag, thiab lub thawv muaj rau fab loj sib luag, thiab tshawb kawm tias lawv muaj yeebyam li cas.

Lo Lus: lub cev duab muaj peb fab es lub hau zuag (pyramid) • lub cev duab kheej kheej muaj lub hau zuag (cone) • lub thawv muaj rau fab loj sib luag (cube)

Cev duab peb fab es lub hau zuag — Daim npog tiaj tiaj

Lub cev duab kheej kheej muaj lub hau zuag — Lub nroog plawv tiaj tiaj / Lub nroog plawv nkhaus ua voj

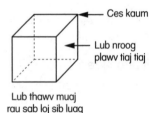

Lub thawv muaj rau sab loj sib luag — Ces kaum / Lub nroog plawv tiaj tiaj

---

7·6 課 棱錐、圓錐和立方體

認識棱錐、圓錐和立方體，研究它們的特性。

辭彙： 棱錐 (pyramid) • 圓錐 (cone) • 立方體 (cube)

棱錐 — 平面

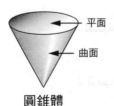

圓錐體 — 平面 / 曲面

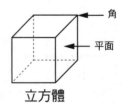

立方體 — 角 / 平面

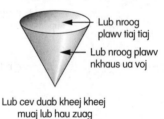

Symmetry

Explore symmetrical shapes.

Vocabulary: symmetrical (sə-'me-tri-kəl)
symmetry ('si-mə-trē)

A shape has **symmetry** if it can be folded in half
so the two halves match.

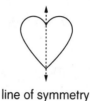

The heart is **symmetrical**. If you fold it on the line,
both halves will match.

line of symmetry

LECCIÓN 7·7

Simetría

Explora formas simétricas.

Vocabulario: simétrico (symmetrical)
simetría (symmetry)

Se dice que una forma tiene **simetría** cuando
al doblarla por la mitad ambas mitades coinciden.

El corazón es **simétrico**. Si lo doblamos por la línea,
ambas mitades coincidirán.

eje de simetría

التماثل

تعرّف على الأشكال المتماثلة.

المفردات: متماثل (symmetrical)
تماثل (symmetry)

يكون الشكل **متماثلاً** إذا تساوى نصفيّه عند القيام بثنيه.

شكل القلب **متماثل**: إذ يتساوى نصفيه عند القيام بثنيه.

خط التماثل

Đối Xứng

Tìm hiểu những hình dạng đối xứng.

Từ Vựng: có tính đối xứng (symmetrical)
đối xứng (symmetry)

Một hình dạng có sự **đối xứng** nếu hình dáng đó có thể được gấp đôi sao cho hai phần phù hợp với nhau.

Trái tim **có tính đối xứng**. Nếu các em gấp nó lại làm đôi, cả phần sẽ phù hợp với nhau.

trung tuyến

Loj Sib Phim

Tshawb kawm txog cov cev duab loj sib phim.

Lo Lus: Loj sib phim (symmetrical) • Zoo Tib Yam Nkaus (symmetry)

Hais tau tias lub cev duab loj **zoo tib yam nkaus**, yog muab nws tais hauv nruab nrab es ob tog zoo tib yam.

Lub plawv yog ib lub **cev duab loj sib phim**. Yog koj muab lub plawv tais ncaj ncaj hauv plawv, koj yuav pom tias ob sab zoo tib yam nkaus.

Txoj kab phua ob
sab kom zoo tib yam

對稱性

探索對稱的圖形。

辭彙：對稱的 (symmetrical)
對稱性 (symmetry)

如果一個圖形能夠被折疊成完全相同的兩半，
我們就說它具有**對稱性**。

這個心形是**對稱的**。如果你沿中間的線把它對折，
那麼兩部分將完全重疊。

對稱線

Review: Money

Count and exchange coins.

You can show the same amount of money using different coins.

4 dimes + 1 penny = 41¢   1 quarter + 3 nickels + 1 penny = 41¢

Revisión: dinero

Cuenta y cambia monedas.

Es posible mostrar la misma cantidad de dinero usando diferentes monedas.

4 *dimes* + 1 *penny* = 41¢   1 *quarter* + 3 *nickels* + 1 *penny* = 41¢

مراجعة: النقود

قمّ بعدّ واستبدال النقود.

يمكنك التعبير عن نفس المقدار من النقود باستخدام عملات مختلفة.

عدد 1 عملة من فئة الربع دولار + عدد 3 عملات   عدد 4 عملات من فئة العشرة سنتات +
من فئة الخمسة سنتات + عدد 1 عملة من فئة   عدد 1 عملة من فئة البنس = 41¢
البنس = 41¢

BÀI 8·1 Bài Ôn: Tiền

Đếm tiền cắc và đổi tiền cắc.

Các em có thể cho biết cùng một món tiền bằng những đồng tiền cắc khác nhau.

4 đồng mười xu + 1 đồng một xu = 41¢

1 đồng hai mươi lăm xu + 3 đồng năm xu + 1 đồng một xu = 41¢

ZAJ LUS QHIA 8·1 Muab Rov Los Xyuas: Nyiaj

Suav thiab muab npib sib pauv.

Koj muaj peevxwm siv ntau ntau hom npib coj los sib ntxiv kom tawm tib tug nqi.

4 dais + 1 npib-liab = 41¢

1 khuab-tawj + 3 niv-kaum + 1 npib-liab = 41¢

8·1 課 復習：錢

計算和兌換硬幣。

你可以用不同的硬幣來表示相同的金額。

4 個十美分硬幣 + 1 個一美分硬幣 = 41 美分

1 個二十五美分硬幣 + 3 個五美分硬幣 + 1 個一美分硬幣 = 41 美分

Dollars

Understand money. Learn about dollars. Use money to explore place value.

Vocabulary: dollar ('dä-lər) • **decimal point** ('de-sə-məl 'point)

$2.36
↑
decimal point

• The numbers to the left of the decimal point are **dollar** amounts.
• The numbers to the right of the decimal point are numbers of cents.

Dólares

Conceptos acerca del dinero. Aprende sobre los dólares. Usa el dinero para explorar el valor posicional.

Vocabulario: dólar (dollar) • **punto decimal (decimal point)**

$2.36
↑
punto decimal

• Los números a la izquierda del punto decimal son la cantidad de **dólares**.
• Los números a la derecha del punto decimal son la cantidad de centavos.

الدولارات

تعرّف على فئات النقود. تعرّف على الدولارات.
استخدم النقود لمعرفة القيمة المكانية.

المفردات: دولار (dollar) • **علامة عشرية (decimal point)**

$2,36
↑
علامة عشرية

• العدد الموجود على يسار العلامة العشرية هو عدد **الدولارات**.
• العدد الموجود على يمين العلامة العشرية هو عدد السنتات.

Đồng Mỹ Kim

Tìm hiểu về tiền bạc. Tìm hiểu về đồng Mỹ kim. Dùng tiền tìm hiểu về giá trị vị trí.

Từ Vựng: đồng Mỹ kim (dollar) • **dấu thập phân** (decimal point)

$2.36
↑
dấu thập phân

• Những số bên trái của dấu thập phân chỉ số **tiền Mỹ kim.**
• Những số bên phải của dấu thập phân chỉ số tiền xu.

ZAJ LUS QHIA
8·2

Nyiaj Duas-las

Tau taub txog nyiaj. Kawm txog nyiaj **duas-las.** Siv nyiaj kawm txog tias tus leb loj npaum cas nyob rau qhov chaw ntawd.

Lo Lus: Duas-las (dollar) • **Lub qe-qaum des-xis-maus** (decimal point)

$2.36
↑
Lub qe-qaum des-xis-maus

• Cov nabnpawb sab laug ntawm lub qe-qaum des-xis-maus yog qhov nyiaj **duas-las.**
• Cov nabnpawb sab xis ntawm lub qe-qaum des-xis-maus yog nyiaj xees.

8·2
課

元

理解貨幣，瞭解元，利用錢來學習位值。

辭彙：元 (dollar) • **小數點** (decimal point)

$2.36
↑
小數點

• 小數點左邊的數字代表**元**的數量。
• 小數點右邊的數字代表分的數量。

Place Value: Hundreds, Tens, and Ones

LESSON 8·3

Extend place-value concepts to hundreds.

Vocabulary: **hundreds** ('hən-drəds) • **tens** ('tens) • **ones** ('wəns) •
hundreds place ('hən-drəds 'plās) • **tens place** ('tens 'plās) •
ones place ('wəns 'plās)

hundred	tens	ones

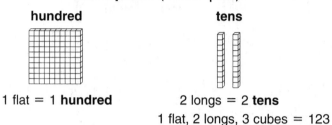

1 flat = 1 **hundred**   2 longs = 2 **tens**   3 cubes = 3 **ones**

1 flat, 2 longs, 3 cubes = 123

Valor posicional: centenas, decenas y unidades

LECCIÓN 8·3

Extiende los conceptos del valor de posición a las centenas.

Vocabulario: **centenas** (hundreds) • **decenas** (tens) • **unidades** (ones) •
lugar de centenas (hundreds place) • **lugar de decenas**
(tens place) • **lugar de unidades** (ones place)

Centenas	Decenas	Unidades

1 plano = 1 **centena**   2 largos = 2 **decenas**   3 cubos = 3 **unidades**

1 plano, 2 largos, 3 cubos = 123

الدرس 3·8 القيمة المكانية: المئات والعشرات والآحاد

وسّع معرفتك لقيمة خانات الأرقام بمعرفة خانة المئات.

المفردات: المئات (hundreds) • العشرات (tens) • الآحاد (ones) •
خانة المئات (hundreds place) • خانة العشرات (tens place)

الأحاد   العشرات   المئات

عدد 1 مكعب مئات = مائة   عدد 2 مكعب عشرات = عشرون   عدد 3 مكعب آحاد = ثلاثة

عدد 1 مكعب مئات وعدد 2 مكعب عشرات وعدد 3 مكعب آحاد = 123

Giá Trị Vị Trí: Hàng Trăm, Hàng Chục, và Hàng Đơn Vị

Triển khai giá trị vị trí đến hàng trăm.

Từ Vựng: hàng trăm (hundreds) • hàng chục (tens) • hàng đơn vị (ones) • vị trí hàng trăm (hundreds place) • vị trí hàng chục (tens place) • vị trí hàng đơn vị (ones place)

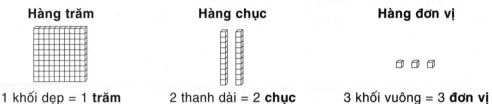

Hàng trăm	Hàng chục	Hàng đơn vị
1 khối dẹp = 1 **trăm**	2 thanh dài = 2 **chục**	3 khối vuông = 3 **đơn vị**

1 khối dẹp, 2 thanh dài, 3 khối vuông = 123

Tus Leb Loj Npaum Cas Nyob Rau Qhov Chaw Ntawd: Cov Ib-Puas, Cov Kaum, thiab Cov Ib

Kawm ntxiv txog cov tswvyim qhia tias tus leb loj npaum cas nyob qhov chaw ntawd mus kom txog cov puas.

Lo Lus: Cov Ib-puas (hundreds) • Cov Kaum (tens) • Cov Ib (ones) Qhov pua chaw (hundreds place) • Qhov kaum chaw (tens place) • Qhov ib chaw (ones place)

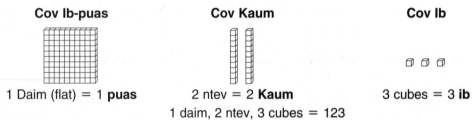

Cov Ib-puas	Cov Kaum	Cov Ib
1 Daim (flat) = 1 **puas**	2 ntev = 2 **Kaum**	3 cubes = 3 **ib**

1 daim, 2 ntev, 3 cubes = 123

8·3 課
位值：百、十和一

把位值的概念擴展到百位。

辭彙： 百 (hundreds) • 十 (tens) • 一 (ones) • 百位 (hundreds place) • 十位 (tens place) • 個位 (ones place)

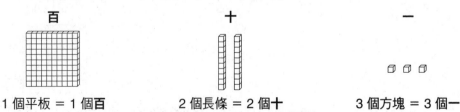

百	十	一
1 個平板 = 1 個**百**	2 個長條 = 2 個**十**	3 個方塊 = 3 個**一**

1 個平板 ＋ 2 個長條 ＋ 3 個方塊 = 123

Application: Shopping at the School Store

LESSON 8·4

Solve number stories that involve addition and subtraction.

You can use different ways to find the answer to a number story.

How much more does a ball cost
than a crayon?
Both number models are correct.

35¢ – 6¢ = 29¢
29¢ + 6¢ = 35¢

crayon
6¢

ball
35¢

Aplicación: de compras en la tienda de la escuela

LECCIÓN 8·4

Resuelve historias de números que incluyan operaciones de suma y resta.

Hay diferentes maneras de encontrar la respuesta a una historia de números.

¿Cuánto cuesta más una pelota que un crayón?
Ambos modelos numéricos son correctos.

35¢ – 6¢ = 29¢
29¢ + 6¢ = 35¢

crayón
6¢

pelota
35¢

الدرس 4·8 تطبيق: التسوّق من متجر المدرسة

قم بحل المسائل الكلامية التي تنطوي على عمليات جمع وطرح.

بإمكانك استخدام طرق مختلفة لحل المسائل الكلامية.

بكم يزيد سعر الكرة على سعر قلم الألوان؟
كلتا الطريقتين في كتابة الأعداد صحيحتان.

35¢ – 6¢ = 29¢
29¢ + 6¢ = 35¢

قلم ألوان
6¢

كرة
35¢

BÀI 8·4 Ứng Dụng: Mua Sắm Tại Cửa Tiệm Ở Trường

Giải những bài toán số học gồm có phép tính cộng và phép tính trừ.

Các em có thể sử dụng nhiều phương cách khác nhau để tìm đáp số cho bài toán số học.

Một quả banh đắt tiền hơn một cây bút chì màu bao nhiêu?
Cả hai mô hình số đều đúng.

$35¢ - 6¢ = 29¢$

$29¢ + 6¢ = 35¢$

bút chì màu
6¢

quả banh
35¢

ZAJ LUS QHIA 8·4 Kam Kawm Muab Coj Los Siv: Yuav Khoom Tom Chaw Kawmntawv Lub Khw

Ua saib cov leb txog cov lus hais txog leb sib-ntxiv thiab leb sib rho-tawm tawm li cas.

Koj muaj peevxwm siv ntau hom kev ua saib cov lus piav txog leb no tawm li cas.

Lub pob kim tshaj tus xaum-xim sau ntawv pes tsawg?
Ob hom kev ua leb no puav leej yog.

$35¢ - 6¢ = 29¢$

$29¢ + 6¢ = 35¢$

Tus xaum-xim
sau ntawv
6¢

Lub pob
35¢

8·4課 應用：在學校商店買東西

解決涉及加減法的數字問題。

你可以用不同的方法來找出數字問題的答案。

一個球比一枝蠟筆貴多少錢？
下面兩個算式都是正確的。

$35¢ - 6¢ = 29¢$

$29¢ + 6¢ = 35¢$

蠟筆
6¢

球
35¢

LESSON 8·5 Making Change

Use counting up as a strategy for making change.

Vocabulary: to make change (tə 'māk 'chānj)

Make change by counting up from the cost of an item to the amount of money used to pay for the item.

The girl paid for the plane with 3 dimes. How much change will she get back? (3¢)

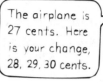

> The airplane is 27 cents. Here is your change, 28, 29, 30 cents.

LECCIÓN 8·5 Calcular el cambio

Usa el conteo hacia adelante como estrategia para calcular el cambio.

Vocabulario: calcular el cambio (to make change)

Calcula el cambio contando hacia adelante desde el costo de un artículo hasta la cantidad de dinero usada para pagar por el artículo.

La niña pagó por el avión con 3 *dimes*. ¿Cuánto cambio debe recibir? (3¢)

> El avión cuesta 27 centavos. Este es tu cambio, 28, 29, 30 centavos.

الدرس 5·8 حساب النقود المتبقيّة

استخدم طريقة العدّ التصاعدي كطريقة حساب النقود المتبقيّة.

المفردات: يحسب النقود المتبقية (to make change)

لمعرفة الباقي من النقود. قم بالعد تصاعديًا بدءًا من سعر السلعة التي اشتريتها إلى مقدار النقود التي تم دفعها لشراء السلعة.

دفعت الفتاة 3 عملات من فئة العشرة سنتات ثمنًا للطائرة. كم عدد النقود المتبقيّة التي ستستردها الفتاة؟ (3¢)

> تساوي الطائرة 27 سنتًا. إليكِ النقود المتبقيّة 28، 29، 30 سنتًا.

BÀI 8·5 — Thối Tiền

Dùng phương cách đếm lên làm cách thức thối tiền.

Từ Vựng: thối tiền (to make change)

Thối tiền bằng cách đếm lên từ giá tiền của một món đồ đến số tiền dùng để trả cho món đồ đó.

Cô bé trả 3 đồng mười xu để mua một chiếc máy bay. Cô bé sẽ nhận lại bao nhiêu tiền thối? (3¢)

Chiếc máy bay giá 27 xu. Đây là tiền thối của em, 28, 29, 30 xu.

ZAJ LUS QHIA 8·5 — Ntxiv Nyiaj Rov Qab

Xyaum suav nce ua tus qauv siv ntxiv nyiaj rov qab.

Lo Lus: Nxiv Nyiaj Rov Qab (to make change)

Ntxiv nyiaj rov qab, mas suav nce ntawm tus nqi khoom kom mus txog rau qhov nyiaj muab los them khoom.

Tus menyuam ntxhais xuas 3 lub dais yuav lub dav-hlau. Qhov nyiaj ntxiv rov qab rau nws yog pes tsawg? (3¢)

Lub dav-hlau yog 27 xees. Nov yog koj qhov nyiaj ntxiv rov qab, 28, 29, 30 xees.

8·5 課 — 找零錢

用往上數的辦法算出如何找零錢。

辭彙：找零錢 (to make change)

從物品的價錢向上數到所付的錢數，就可算出如何**找零錢**。

女孩為買圖中的玩具飛機付了 3 角錢。該找給她多少錢？（3 分錢）

飛機是 27 美分。這是你的零錢，28、29、30 美分。

Equal Shares

Explore dividing regions into equal parts.

Vocabulary: whole ('hōl) • **equal parts** ('ē-kwəl 'pärts) • **halves** ('havz) • **fourths** ('fórths) • **thirds** ('thərds)

A **whole** object can be divided into **equal parts** in different ways.

Halves
(2 equal parts)

Thirds
(3 equal parts)

Porciones iguales

Explora la división de regiones en partes iguales.

Vocabulario: entero (whole) • **partes iguales** (equal parts) • **mitades** (halves) • **cuartos** (fourths) • **tercios** (thirds)

Un objeto **entero** puede dividirse en **partes iguales** de diferentes maneras.

Mitades
(2 partes iguales)

Tercios
(3 partes iguales)

 الحصص المتساوية

استكشف تقسيم المناطق إلى أجزاء متساوية.

المفردات: صحيح (whole) • أجزاء متساوية (equal parts) • أنصاف (halves) • أرباع (fourths) • أثلاث (thirds)

يمكن تقسيم شيء صحيح إلى أجزاء متساوية بعدة طرق.

أثلاث
(3 أجزاء متساوية)

أنصاف
(جزءان متساويان)

BÀI 8·6 Những Phần Chia Bằng Nhau

Tìm hiểu cách phân chia nhiều vùng thành những phần bằng nhau.

Từ Vựng: tổng thể (whole) • phần bằng nhau (equal parts) •
nửa phần (halves) • phần tư (fourths) • phần ba (thirds)

Một vật **tổng thể** có thể được chia
thành những **phần bằng nhau** theo
nhiều cách nhau.

Phân nửa
(2 phần bằng nhau)

Phần ba
(3 phần bằng nhau)

ZAJ LUS QHIA 8·6 Ntau Sib Npaug

Kawm txog kam muab ib cheeb tsam faib kom ntau sib npaug
zos.

Lo Lus: Tag nrho qhov khoom (Whole) • Ntau qhov sib npaug zos
(equal parts) • Ib nrab (halves) • Ib feem plaub (fourths) •
Ib feem peb (thirds)

Muaj ntau hom kev muab **tag nrho**
qhov khoom faib ua ntau qhov sib
npaug zos.

Ib Nrab
(2 qho ntau sib npaug)

Ib Feem Peb
(3 qho ntau sib npaug)

8·6 課 等份

探索如何將整體分成若干相等的部分。

辭彙：整體 (whole) • 相等的部分 (equal parts) • 兩等份 (halves) •
四等份 (fourths) • 三等份 (thirds)

一個**整體**可以用不同的方法分成若干
相等的部分。

兩等份
（2 個相等的部分）

三等份
（3 個相等的部分）

Develop an understanding of fractional parts of a whole.
Learn about unit fraction notation.

Vocabulary: fraction ('frak-shən) • **unit fraction** ('yü-nət 'frak-shən) •
fractional part ('frak-shnəl 'pärt)

 6 equal parts

1 part is shaded.

$\frac{1}{6}$ is shaded.

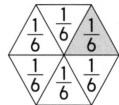

Desarrolla el concepto de las partes fraccionales de un entero.
Aprende cómo representar las fracciones de unidades.

Vocabulario: fracción (fraction) • **fracción de unidades** (unit fraction) •
parte fraccional (fractional part)

6 partes iguales

1 parte está sombreada.

$\frac{1}{6}$ está sombreado.

اعمل على تنمية فهمك للكسور كأجزاء كسرية من الأعداد الصحيحة.
تعرّف على طريقة كتابة كسور الوحدات.

المفردات: كسر (fraction) • **كسر الوحدات** (unit fraction) •
جزء كسري (fractional part)

6 أجزاء متساوية

جزء 1 مظلل.

$\frac{1}{6}$ مظلل.

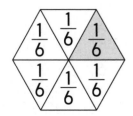

Vietnamese ◆ Tiếng Việt

Phân số

Tìm hiểu về những phần phân số của một tổng thể. Tìm hiểu về khái niệm phân số có tử số đơn vị.

Từ Vựng: phân số (fraction) • phân số có tử số đơn vị (unit fraction) • phần phân số (fractional part)

6 phần bằng nhau

1 phần được tô màu.

$\frac{1}{6}$ được tô màu.

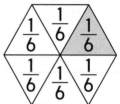

Hmong ◆ Hmoob

Leb Cai Ua Feem (Fractions)

Kawm xyaum kom tau taub txog cov leb muab tag nrho ib qhov khoom faib ua feem. Kawm txog qhov lus qhia txog kam muab faib ua feem.

Lo Lus: Leb cai ua feem (fraction) • Ib feem (unit fraction) • Qhov khoom raug faib ua feem (fractional part)

6 feem sib luag zos

1 feem raug kos xim rau kom tsaus.

$\frac{1}{6}$ raug kos xim rau kom tsaus.

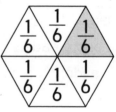

Traditional Chinese ◆ 中文

分數

形成對一個整體內各部分的認識，學習單分數表示法。

辭彙：分數 (fraction) • 單分數 (unit fraction) • 分數部分 (fractional part)

6 等份

其中 1 份被塗成了陰影。

有 $\frac{1}{6}$ 被塗成了陰影。

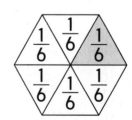

LESSON 8·8 — Sharing Pennies

Find fractional parts of collections.

3 children share 12 pennies equally. How many pennies does each child get?

$\frac{1}{3}$ of 12 pennies = 4 pennies

LECCIÓN 8·8 — Compartir pennies

Descubre las partes fraccionales de una colección.

3 niños comparten 12 *pennies* en partes iguales.
¿Cuántos *pennies* recibe cada uno de ellos?

$\frac{1}{3}$ de 12 *pennies* = 4 *pennies*

الدرس 8·8 — تقاسم عملات البنس

أوجد الأجزاء الكسرية للمجموعات.

تقاسم 3 أطفال 12 بنسًا بالتساوي. كم عدد البنسات التي يأخذها كل طفل؟

$\frac{1}{3}$ من 12 بنس = 4 بنس

Phân Chia Những Đồng Một Xu

Tìm các phần phân số của các tập hợp.

3 trẻ em phân chia đồng đều 12 đồng một xu. Mỗi trẻ sẽ có bao nhiêu đồng một xu?

$\frac{1}{3}$ của 12 đồng một xu = 4 đồng một xu

Muab Npib-Liab Sib Faib

Nrhiav txog qhov feem ntawm cov npib.

3 tug menyuam muab 12 lub npib-liab sib faib kom sawvdaws tau ntau sib npaug zos. Ib tug menyuam yuav tau pes tsawg lub?

$\frac{1}{3}$ ntawm 12 lub npib-liab = 4 lub npib-liab

分硬幣

確定總和的各個部分。

3 個小朋友平分 12 個硬幣，每個小朋友得幾個硬幣？

12 個硬幣的 $\frac{1}{3}$ = 4 個硬幣

EXPLORATIONS: Exploring Fractional Parts and Addition Facts

Explore the relationship between multiples and fractions. Name fractional parts of regions. Practice addition facts.

Vocabulary: near doubles ('nir 'də-bəls)

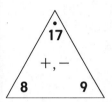

The fact 8 + 9 = 17 is a **near double** because it is 1 more than the doubles fact 8 + 8 = 16.

LECCIÓN 8·9 EXPLORACIONES: Exploración de partes fraccionales y sumas

Explora la relación entre múltiplos y fracciones. Nombra las partes fraccionales de una región. Practica sumas.

Vocabulario: dobles aproximados (near doubles)

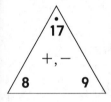

La operación 8 + 9 = 17 es **un doble aproximado** porque da 1 más que la operación de dobles 8 + 8 = 16.

الدرس 9·8 استكشافات: استكشاف الأجزاء الكسرية ومسائل الجمع

اكتشف العلاقة بين المضاعفات والكسور. ضع أسماء على الأجزاء الكسرية من المناطق. تدرّب على مسائل الجمع.

المفردات: أشباه المضاعفات (near doubles)

المسألة 17 = 9 + 8 هي **شبيهة بالمضاعف** لأنها تزيد بمقدار 1 على المسألة 8 + 8 = 16.

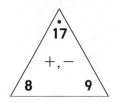

BÀI 8·9 KHÁM PHÁ: Tìm Hiểu các Phần Phân Số và Những Phép Tính Cộng

Tìm hiểu mối liên hệ giữa bội số và phân số. Nêu tên những phần phân số của các vùng. Thực tập các phép tính cộng.

Từ Vựng: gần gấp đôi (near doubles)

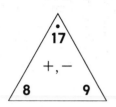

Phép tính 8 + 9 = 17 là một số **gần gấp đôi** bởi vì nó lớn phép tính gấp đôi 8 + 8 = 16 đến 1 đơn vị.

ZAJ LUS QHIA 8·9 KAM TSAWB KAWM: Kam Tshawb Kawm Txog Cov Khoom Faib Ua Feem thiab Muab Leb Sib-Ntxiv

Tshawb kawm txog tias leb faib ua feem thiab ntau ntau no sib txheeb li cas. Qhia cov npe txog ib qho chaw uas raug faib ua ntau ntau suam. Kawm muab sib ntxiv.

Lo Lus: yuav luag muaj ob npaug (near doubles)

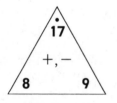

Lub ntsiab tseeb ntawm 8 + 9 = 17 ces yog **yuav luag yog ob npaug** vim tias nws tsuas tshaj 1 ntawm qhov ob npaug 8 + 8 = 16 xwb.

8·9 課 探索：探索分數部分和加法口訣

探索倍數與分數的關係。確定整體的各個部分。練習加法口訣。

辭彙：將近兩倍 (near doubles)

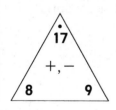

8+9=17 是一個**將近兩倍**的加法口訣，因為它比兩倍口訣 8+8=16 多 1。

Tens and Ones Patterns on the Number Grid

Count by 1s and 10s on the number grid.

44	45	46
54	55	56
64	65	66

The number that is 10 less than 55 is one row above 55.

The number that is 10 more than 55 is one row below 55.

The number that is 1 less than 55 is just to the left of 55.

The number that is 1 more than 55 is just to the right of 55.

English ◆ English

Patrones de decenas y unidades en la cuadrícula numérica

Cuenta de 1 en 1 y de 10 en 10 en la cuadrícula numérica.

44	45	46
54	55	56
64	65	66

El número que es 10 unidades menor que 55 está una fila arriba de 55.

El número que es 10 unidades mayor que 55 está una fila debajo de 55.

El número que es 1 unidad menor que 55 está justo a la izquierda de 55.

El número que es 1 unidad mayor que 55 está justo a la derecha de 55.

Spanish ◆ Español

أنماط العشـرات والآحاد علـى مربعات الأعداد

قم بالعدّ التصاعدي بمقدار 1 و 10 على مربعات الأعداد.

العدد الذي يقل بمقدار 10 عن العدد 55 يقع أعلاه بصف واحد.

العدد الذي يزيد بمقدار 10 عن العدد 55 يقع أسفله بصف واحد.

العدد الذي يقل بمقدار 1 عن العدد 55 يقع إلى يساره مباشرة.

العدد الذي يزيد بمقدار 1 عن العدد 55 يقع إلى يمينه مباشرة.

44	45	46
54	55	56
64	65	66

Arabic ◆ عربي

Mô Hình Hàng Chục và Hàng Đơn Vị trên Khung Số

Đếm theo 1 và 10 trên khung số.

44	45	46
54	55	56
64	65	66

Số nhỏ hơn số 55 đến 10 đơn vị nằm trên số 55 một hàng.

Số lớn hơn số 55 đến 10 đơn vị nằm dưới số 55 một hàng.

Số nhỏ hơn số 55 đến 1 đơn vị nằm bên trái của số 55.

Số lớn hơn số 55 đến 1 đơn vị nằm bên phải của số 55.

Vietnamese ◆ Tiếng Việt

ZAJ LUS QHIA 9·1

Cov Seem Kaum thiab Cov Seem Ib ntawm Lub Roojntawv Ua Kab Ua Kem

Suav dhia 1 thiab dhia 10 ntawm lub roojntawv muaj cov nabnpawb.

44	45	46
54	55	56
64	65	66

Tus nabnpawb uas yau 55 lawm 10 ces yog tus nyob rau ib theem saum toj 55.
Tus nabnpawb uas tshaj 55 lawm 10 ces yog tus nyob rau ib them hauv qab 55.
Tus nabnpawb uas yau 55 lawm 1 ces yog tus nyob ntawm ib kem rov sab laug ntawm 55.
Tus nanpawb uas tshaj 55 lawm 1 ces yog tus nyob ntawm ib kem rov sab xis ntawm 55.

Hmong ◆ Hmoob

9·1 課

數字網格上的十位規律和個位規律

在數字網格上一個一個地數和十個十個地數。

44	45	46
54	55	56
64	65	66

比 55 小 10 的數字在同一列的上一行。
比 55 大 10 的數字在同一列的下一行。
比 55 小 1 的數字就在 55 的左邊。
比 55 大 1 的數字就在 55 的右邊。

Traditional Chinese ◆ 中文

LESSON 9·2

Adding and Subtracting Tens

Add and subtract 10s.

$37 + 20 = ?$

To add 20 to 37 on a number grid, move 2 rows down from 37.

$37 + 20 = 57$

31	32	33	34	35	36	37	38	39	40
41	42	43	44	45	46	47	48	49	50
51	52	53	54	55	56	57	58	59	60
61	62	63	64	65	66	67	68	69	70

LECCIÓN 9·2

Suma y resta de decenas

Suma y resta decenas.

$37 + 20 = ?$

Para sumar 20 a 37 en la cuadrícula numérica, avanza 2 filas hacia abajo desde 37.

$37 + 20 = 57$

31	32	33	34	35	36	37	38	39	40
41	42	43	44	45	46	47	48	49	50
51	52	53	54	55	56	57	58	59	60
61	62	63	64	65	66	67	68	69	70

الدرس 9·2

جمع وطرح العشرات

اجمع واطرح أرقام العشرات.

$37 + 20 = ?$

لإضافة 20 إلى الرقم 37 على أحد مربعات الأرقام. تحرّك أسفل الرقم 37 بصفيّن.

$37 + 20 = 57$

31	32	33	34	35	36	37	38	39	40
41	42	43	44	45	46	47	48	49	50
51	52	53	54	55	56	57	58	59	60
61	62	63	64	65	66	67	68	69	70

Cộng và Trừ Hàng Chục

Vietnamese ◆ Tiếng Việt

Cộng và trừ theo hàng 10.

37 + 20 = ?

Để cộng 20 vào 37 trên khung số,
di chuyển xuống 2 hàng từ 37.

37 + 20 = 57

31	32	33	34	35	36	⃝37	38	39	40
41	42	43	44	45	46	47	48	49	50
51	52	53	54	55	56	57	58	59	60
61	62	63	64	65	66	67	68	69	70

Muab 10 Ntxiv thiab Rho Tawm

Hmong ◆ Hmoob

Ntxiv thiab rho cov 10 tawm.

37 + 20 = ?

Yuav ntxiv 20 rau 37 ntawm lub roojleb,
ces txav 2 theem nqis ntawm 37.

37 + 20 = 57

31	32	33	34	35	36	⃝37	38	39	40
41	42	43	44	45	46	47	48	49	50
51	52	53	54	55	56	57	58	59	60
61	62	63	64	65	66	67	68	69	70

十位加減

Traditional Chinese ◆ 中文

加上或減去幾十。

37 + 20 = ?

要在 37 上加 20，請在數字網格上
從 37 向下移 2 行。

37 + 20 = 57

31	32	33	34	35	36	⃝37	38	39	40
41	42	43	44	45	46	47	48	49	50
51	52	53	54	55	56	57	58	59	60
61	62	63	64	65	66	67	68	69	70

Number-Grid Puzzles

Count, add, and subtract with 10s and 1s using number-grid patterns.

Vocabulary: number-grid puzzle ('nəm-bər 'grid 'pə-zəl)

You can use number-grid patterns to complete a **number-grid puzzle.**

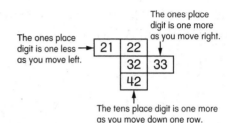

The ones place digit is one less as you move left. →

The ones place digit is one more as you move right.

21	22	
	32	33
	42	

The tens place digit is one more as you move down one row.

LECCIÓN 9·3

Rompecabezas en cuadrículas numéricas

Cuenta, suma y resta de 10 en 10 y de 1 en 1 mediante patrones de cuadrículas numéricas.

Vocabulario: rompecabezas en cuadrículas numéricas
                (number-grid puzzle)

Puedes usar patrones de cuadrículas numéricas para completar un **rompecabezas en cuadrículas numéricas.**

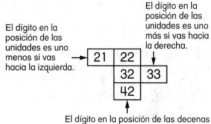

El dígito en la posición de las unidades es uno menos si vas hacia la izquierda. →

El dígito en la posición de las unidades es uno más si vas hacia la derecha.

21	22	
	32	33
	42	

El dígito en la posición de las decenas es uno más si avanzas una fila.

 الدرس 3·9

ألغاز مربعات الأعداد

عـد واجمع واطرح أرقام العشرات مستخدمًا نماذج مربعات الأعداد.

المفردات: لغز مربعات الأعداد (number-grid puzzle)

بإمكانك استخدام نماذج مربعات الأعداد لتكملة لغز مربعات الأعداد.

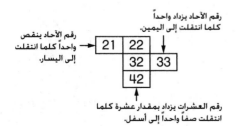

رقم الأحاد يزداد واحداً كلما انتقلت إلى اليمين.

رقم الأحاد ينقص واحداً كلما انتقلت إلى اليسار. →

21	22	
	32	33
	42	

رقم العشرات يزداد بمقدار عشرة كلما انتقلت صفاً واحداً إلى أسفل.

Đố Khung Số

Đếm, cộng, và trừ với hàng chục (10) và hàng đơn vị (1) bằng mô hình khung số.

Từ Vựng: đố khung số (number-grid puzzle)

Các em có thể sử dụng mô hình khung số để giải bài **đố khung số.**

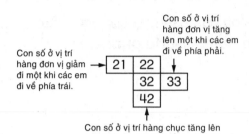

Con số ở vị trí hàng đơn vị giảm đi một khi các em đi về phía trái.

Con số ở vị trí hàng đơn vị tăng lên một khi các em đi về phía phải.

Con số ở vị trí hàng chục tăng lên một, khi các em đi xuống một hàng.

Cov Nabnpawb Muab Sib Nrho Ntawm Lub Roojntawv

Muab cov 10 thiab cov 1 coj los suav, los sib-ntxiv thiab sib rho-tawm, siv cov nabnpawb ua seem ntawm lub roojntawv ua.

Lo Lus: Cov nabnpawb muab sib nrho ntawm lub roojntawv (number-grid puzzle)

Koj muaj cuabkav siv cov nabnpawb ua seem ntawm lub roojntawv pab koj ua **cov nabnpawb sib nrho ntawm lub roojntawv.**

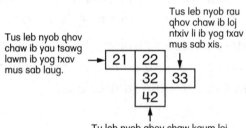

Tus leb nyob qhov chaw ib yau tsawg lawm ib yog txav mus sab laug.

Tus leb nyob rau qhov chaw ib loj ntxiv li ib yog txav mus sab xis.

Tu leb nyob qhov chaw kaum loj ntxiv li ib yog txav mus sab hauv.

數字網格題

利用數字網格上的十位規律和個位規律來計數和加減。

辭彙：數字網格題 (number-grid puzzle)

你可以用數字網格上的不同規律來解答**數字網格題。**

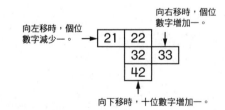

向左移時，個位數字減少一。

向右移時，個位數字增加一。

向下移時，十位數字增加一。

Adding and Subtracting 2-Digit Numbers

English ◆ English

Add and subtract 2-digit numbers.

How tall are the koala and penguin together?

koala
24 in.

penguin
36 in.

Total	
?	
Part	**Part**
24	36

Number model: 24 + 36 = 60   Answer: 60 inches

Suma y resta de números de 2 dígitos

Spanish ◆ Español

Suma y resta números de 2 dígitos.

¿Cuán altos son un pingüino y un koala juntos?

koala
24 pulg.

pingüino
36 pulg.

Total	
?	
Parte	**Parte**
24	36

Modelo numérico: 24 + 36 = 60   Respuesta: 60 pulgadas

Arabic ◆ عربي

جمع وطرح الأعداد المكوّنة من رقميّن

اجمع واطرح الأعداد المكوّنة من رقميّن.

ما هو طول الكوالا والبطريق معًا؟

الكوالا
24 بوصة

البطريق
36 بوصة

الكل	
?	
الجزء	الجزء
36	24

نماذج الأعداد: 24 + 36 = 60

الإجابة: 60 بوصة

BÀI 9·4 Cộng và Trừ Những Số Có 2 Con Số

Cộng và trừ những số có 2 con số.

Gấu túi và chim cánh cụt cao tổng cộng là bao nhiêu?

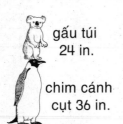

gấu túi
24 in.

chim cánh
cụt 36 in.

Tổng Số	
?	
Phần	Phần
24	36

Mô hình số: 24 + 36 = 60   Trả Lời: 60 inch

ZAJ LUS QHIA 9·4 Muab Cov Leb Ob Tug Sib-Ntxiv thiab Sib Rho-Tawm

Muab cov leb 2 tug nabnpawb sib-ntxiv thiab sib rho-tawm.

Tus tsiaj (Koala) thiab tus os (penguin) sib ntxiv ua ke siab pes tsawg?

koala
24 eej

Os penguin
36 eej

Tag nrho	
?	
lb qho	lb qho
24	36

Tus qauv ua zaj leb: 24 + 36 = 60   Lo Lus Teb: 60 eej

9·4 課 兩位數加減法

練習兩位數加減法。

考拉和企鵝加起來有多高？

考拉
24 英寸

企鵝
36 英寸

總數	
?	
部分	部分
24	36

算式：24 + 36 = 60   答案：60 英寸

EXPLORATIONS: Exploring Capacity, Symmetry, and Heights

Compare capacities of containers. Create a symmetrical design. Make a second height measurement.

Vocabulary: container (kən-'tā-nər) • **capacity** (kə-'pa-sə-tē) •
measurement ('me-zhər-mənt) • **length** ('leŋ(k)th) •
height ('hīt) • **weight** ('wāt) • **scale** ('skāl) •
line of symmetry ('līn əv 'si-mə-trē) •
symmetrical (sə-'me-tri-kəl)

You can measure how many large cups of popcorn fill each **container.** You will need to use more small cups to fill each container.

EXPLORACIONES: Exploración de capacidad, simetría y alturas

Compara las capacidades de los recipientes. Crea un diseño simétrico. Realiza una segunda medición de altura.

Vocabulario: recipiente (container) • **capacidad** (capacity) •
medición (measurement) • **longitud** (length) •
altura (height) • **peso** (weight) • **báscula**
(scale) • **eje de simetría** (line of symmetry) •
simétrico (symmetrical)

Mide cuántas tazas grandes de palomitas de maíz se necesitan para llenar cada **recipiente.** Necesitarás más tazas pequeñas para llenar cada recipiente.

استكشافات: استكشاف السعة والتماثل والارتفاع

الدرس 9•5

قارن بين سعة الأواني. قم بعمل تصميم متماثل. قم بقياس الارتفاع مرة ثانية.

المفردات: إناء (container) • سعة (capacity) • قياس (measurement) •
طول (length) • ارتفاع (height) • وزن (weight) • ميزان (scale) •
محور التماثل (line of symmetry) •
متماثل (symmetrical)

بإمكانك معرفة عدد أكواب الفشار الكبيرة المطلوبة لملء كل
إناء. ستحتاج إلى عدد أكبر من الأكواب الصغيرة لملء كل إناء.

KHÁM PHÁ: Tìm hiểu Dung Lượng, Sự Đối Xứng, và Chiều Cao

BÀI 9·5

So sánh dung lượng của các thùng chứa. Tạo kiểu thiết kế có tính đối xứng. Tạo số đo chiều cao thứ hai.

Từ Vựng: thùng chứa (container) • dung lượng (capacity) • số đo (measurement) • chiều dài (length) • chiều cao (height) • sức nặng (weight) • cân (scale) • đường đối xứng (line of symmetry) • có tính đối xứng (symmetrical)

Các em có thể đo số lượng chén bắp rang lớn cần có để đổ đầy mỗi **thùng chứa.** Các em sẽ cần sử dụng những chén nhỏ để đổ đầy mỗi thùng chứa.

KAM TSAWB KAWM: Qhov Ntim Tau Ntau Tshaj Plaws, Ob Qho Zoo Tib Yam Nkaus, thiab Qhov Siab.

ZAJ LUS QHIA 9·5

Muab cov thoob sib piv saib ntim tau ntau npaum cas. Kos ib co cev duab ua muaj ob qho zoo tib yam nkaus. Ntsuas ib qho khoom thib ob qhov siab.

Lo Lus: Lub thoob ntim khoom (container) • Ntim tau ntau tshaj plaws (capacity) • Kev ntsuas (measurement) • Qhov ntev (length) • Qhov siab (height) • Qhov nyhav (weight) • Rab teev (scale) • Cov kab ntev zoo tib yam (line of symmetry) • Muaj seem ntev zoo tib yam (symmetrical)

Koj ntsuas xyuas saib ib **lub thoob** twg siv pes tsawg khob paj kws thiaj ntim puv. Tejzaum koj yuav tau siv ntau khob thiaj ntim puv ib thoob.

9·5 課

探索：探索容積、對稱性和高度

比較不同容器的容積。繪出一個對稱的圖案。進行第二次高度測量。

辭彙： 容器 (container) • 容積 (capacity) • 測量 (measurement) • 長度 (length) • 高度 (height) • 重量 (weight) • 刻度 (scale) • 對稱軸 (line of symmetry) • 對稱的 (symmetrical)

你可以測量出填滿每個**容器**需要多少大杯的玉米花。

如果是用小杯，你將需要更多的杯數才能填滿每個容器。

LESSON 9·6 — Fractional Parts of the Whole

Learn about fractions other than unit fractions.

Vocabulary: half ('haf) • **fourths** ('fòrths)

You can divide shapes in different ways.

Each square is divided into **fourths.**

$\frac{3}{4}$ of each square is shaded.

LECCIÓN 9·6 — Partes fraccionales del entero

Aprende acerca de fracciones que no sean fracciones de unidades.

Vocabulario: mitad (half) • **cuartos (fourths)**

Las formas pueden dividirse de diferentes maneras.

Cada cuadrado se divide en 4 **cuartos.**

$\frac{3}{4}$ de cada cuadrado se encuentra sombreado.

الدرس 9·6 — الأجزاء الكسرية من الأعداد الصحيحة

تعرّف على كسور أخرى غير كسور الوحدات.

المفردات: نصف (half) • **أرباع (fourths)**

بإمكانك تقسيم الأشكال بطرق مختلفة.

كل مربع مقسّم إلى **أرباع.**

$\frac{3}{4}$ كل مربع مظلل.

Các Phần Phân Số Của Một Tổng Thể

Tìm hiểu về phân số khác với những phân số có tử số đơn vị.

Từ Vựng: nửa (half) • phần tư (fourths)

Các em có thể phân chia các hình dạng bằng nhiều cách khác nhau.

Mỗi hình vuông được phân chia thành một **phần tư.**

$\frac{3}{4}$ của mỗi hình vuông được tô màu.

Cov Feem Ntawm Tag Nrho Ib Qho Khoom

Kawm txog leb ua feem, uas tsis yog ib qho feem zujzus.

Lo Lus: Ib nrab (half) • Ib feem plaub (fourths)

Koj muaj cuabkav muab cov cev duab siv ua ntau ntau yam faib.

Muab ib daim txiag cev duab plaub fab (square) twg faib ua **plaub feem.**

Nws kuj pom tias $\frac{3}{4}$ ntawm ib daim cev duab twg raug kos xim rau kom tsaus.

整體的分數部分

學習除了單分數之外的其他分數。

辭彙：一半 (half) • 四等份 (fourths)

你可以用不同的方法分割各種圖形。

每個正方形都被分成了**四等份**。

每個正方形的 $\frac{3}{4}$ 都被塗成了陰影。

LESSON 9·7 Comparing Fractions

Review fraction concepts. Use region models
to compare fractions.

Vocabulary: denominator (di-'nä-mə-ˌnā-tər) • **numerator** ('nü-mə-ˌrā-tər)

$$\text{numerator} \longrightarrow \frac{1}{3} < \frac{3}{4} \longleftarrow \text{numerator}$$
$$\text{denominator} \longrightarrow \qquad \longleftarrow \text{denominator}$$

LECCIÓN 9·7 Comparación de fracciones

Repasa los conceptos de fracciones. Usa modelos de regiones
para comparar las fracciones.

Vocabulario: denominador (denominator) • **numerador** (numerator)

$$\text{numerador} \longrightarrow \frac{1}{3} < \frac{3}{4} \longleftarrow \text{numerador}$$
$$\text{denominador} \longrightarrow \qquad \longleftarrow \text{denominador}$$

الدرس 7·9 مقارنة الكسور

راجع مفاهيم الكسور. استخدم نماذج المناطق لمقارنة الكسور.

المفردات: المقام (denominator) • **البسط** (numerator)

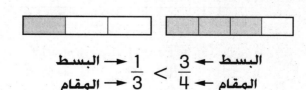

البسط ← 3 → البسط
المقام ← 4 < 1 → المقام
3

BÀI 9·7 So Sánh Phân Số

Ôn lại khái niệm về phân số. Sử dụng mô hình theo vùng để so sánh phân số.

Từ Vựng: mẫu số (denominator) • tử số (numerator)

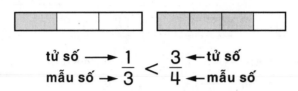

$$\text{tử số} \longrightarrow \frac{1}{3} < \frac{3}{4} \longleftarrow \text{tử số}$$
$$\text{mẫu số} \longrightarrow \qquad \qquad \longleftarrow \text{mẫu số}$$

ZAJ LUS QHIA 9·7 Muab Leb Feem Coj Los Sib Piv

Kawm txog tej tswvyim txog leb feem. Siv cov qauv txog cheeb tsam chaw los mus sib piv ua feem.

Lo Lus: Tus leb tuaj hauv qab (denominator)
Tus leb tuaj saum toj (numerator)

$$\text{Tus leb tuaj saum toj} \longrightarrow \frac{1}{3} < \frac{3}{4} \longleftarrow \text{Tus leb tuaj saum toj}$$
$$\text{Tus leb tuaj hauv qab} \longrightarrow \qquad \qquad \longleftarrow \text{Tus leb tuaj hauv qab}$$

9·7課 比較分數

復習分數的概念。利用區域模型來比較分數。

辭彙： 分母 (denominator) • 分子 (numerator)

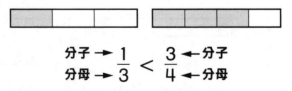

$$\text{分子} \longrightarrow \frac{1}{3} < \frac{3}{4} \longleftarrow \text{分子}$$
$$\text{分母} \longrightarrow \qquad \qquad \longleftarrow \text{分母}$$

LESSON 9·8 — Many Names for Fractional Parts

Learn how fractional parts of a whole have many names.

$$\frac{1}{2} = \begin{array}{|c|c|c|c|} \hline \frac{1}{8} & \frac{1}{8} & \frac{1}{8} & \frac{1}{8} \\ \hline \end{array}$$

$$\frac{1}{2} = \frac{4}{8}$$

LECCIÓN 9·8 — Muchos nombres para las partes fraccionales

Aprende cómo las partes fraccionales de un entero tienen muchos nombres.

$$\frac{1}{2} = \begin{array}{|c|c|c|c|} \hline \frac{1}{8} & \frac{1}{8} & \frac{1}{8} & \frac{1}{8} \\ \hline \end{array}$$

$$\frac{1}{2} = \frac{4}{8}$$

الدرس 8·9 — صيغ متعددة للأجزاء الكسرية

تعلّم كيف أن الأجزاء الكسرية للأعداد الصحيحة لها العديد من الصيغ.

$$\frac{1}{2} = \begin{array}{|c|c|c|c|} \hline \frac{1}{8} & \frac{1}{8} & \frac{1}{8} & \frac{1}{8} \\ \hline \end{array}$$

$$\frac{1}{2} = \frac{4}{8}$$

BÀI 9·8

Những Hình Thái Của Phân Số

Tìm hiểu làm thế nào các phần phân số của một tổng thể lại có nhiều hình thái.

$$\frac{1}{2} \quad = \quad \frac{1}{8} \;\; \frac{1}{8} \;\; \frac{1}{8} \;\; \frac{1}{8}$$

$$\frac{1}{2} \quad = \quad \frac{4}{8}$$

ZAJ LUS QHIA 9·8

Ntau Lub Npe Rau Cov Raug Faib Ua Feem

Kawm txog tias cov raug faib ua feem los ntawm ib qho khoom twg los ntawd lawv muaj ntau lub npe.

$$\frac{1}{2} \quad = \quad \frac{1}{8} \;\; \frac{1}{8} \;\; \frac{1}{8} \;\; \frac{1}{8}$$

$$\frac{1}{2} \quad = \quad \frac{4}{8}$$

9·8 課

分數部分的眾多表達形式

瞭解為什麼整體的分數部分有很多的表達形式。

$$\frac{1}{2} \quad = \quad \frac{1}{8} \;\; \frac{1}{8} \;\; \frac{1}{8} \;\; \frac{1}{8}$$

$$\frac{1}{2} \quad = \quad \frac{4}{8}$$

Data Day: End of Year Heights

English ◆ English

Make a line plot. Find the typical values of a set of data.

Vocabulary: typical ('ti-pi-kəl)

The line plot shows year-end heights of first graders.

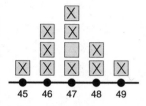

One way to find a typical height for a first grader is to find the middle value.

The stick on note without an X is the middle value. The middle value is 47.

 LECCIÓN 10·1

Día de datos: tallas de fin de año

Spanish ◆ Español

Dibuja un diagrama de puntos. Encuentra los valores típicos de un conjunto de datos.

Vocabulario: típico (typical)

El diagrama de puntos muestra las tallas de los alumnos de primer grado al final del año.

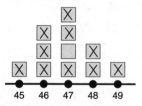

Una manera de calcular la talla típica de un alumno de primer grado es mediante la obtención del valor medio.

La nota autoadhesiva sin una X es el valor medio. El valor medio es 47.

الدرس 1·10

يوم المعطيات: أطوال آخر العام

Arabic ◆ عربي

ارسم رسمًا بيانيًا خطيًا. أوجد القيم النموذجية لمجموعة من المعطيات.

المفردات: نموذجي (typical)

يعرض الرسم البياني الخطي أطوال طلبة الصف الأول في آخر العام.

أحد طرق معرفة الطول النموذجي لطالب بالصف الأول هي معرفة متوسط القيمة.

البطاقة المضافة بدون علامة X هي متوسط القيمة. متوسط القيمة يساوي 47.

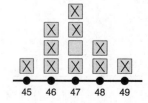

BÀI 10·1 Ngày Số Liệu: Chiều Cao Cuối Năm

Lập một đường đồ thị. Tìm giá trị tiêu biểu của một tập hợp dữ liệu.

Từ Vựng: tiêu biểu (typical)

Đường đồ thị cho biết chiều cao cuối năm của học sinh lớp một.

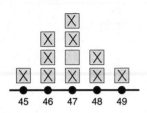

Một phương cách để tìm chiều cao tiêu biểu của học sinh lớp một là tìm giá trị giữa.

Tờ ghi chú có keo dán mà không có dấu X là giá trị giữa. Giá trị giữa là 47.

ZAJ LUS QHIA 10·1 Hnub Kawm Txog Deb-Tas: Qhov Siab Ntawm Xyoo Kawg

Ua ib txog kab sau qe-qaum rau. Nrhiav tus leb nquag pom tshaj ntawm pawg deb-tas.

Lo Lus: Nquag pom (typical)

Txoj kab sau qe-qaum qhia pom tias cov menyuam qib ib siab npaum cas thaum kawg xyoo.

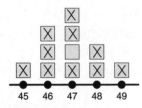

Ib zaj tswvyim pab nrhiav tias tus menyuam nyob qib ib siab npaum cas, ces yog nrhiav tus leb hauv plawv.

Daim ntawv lo tsis muaj tus X yog tus leb nyob hauv plawv. Tus leb hauv plawv yog 47.

10·1 課 數據日：年終身高

繪製數軸記號圖，確定一組數據的典型值。

辭彙：典型的 (typical)

下面的數軸記號圖表示了一年級學生的年終身高。

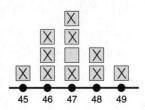

要找出一年級學生的典型身高，一種方法是確定中值。

那個沒有打『X』的黏貼便條就是中值。中值為 47。

Review: Telling Time

Tell time on an analog clock, and write times in digital notation.
Tell times in alternative ways. Calculate elapsed time.

Vocabulary: elapsed time (i-'lapst 'tīm)

How many minutes is it from 7:30 to 7:45?

Count: 5, 10, 15. It is 15 minutes
from 7:30 to 7:45.

7:30   7:45

English ◆ English

Repaso: lectura de la hora

Di la hora indicada por un reloj analógico y escribe horas usando
la representación digital. Di la hora de distintas maneras. Calcula
el tiempo transcurrido.

Vocabulario: tiempo transcurrido (elapsed time)

¿Cuántos minutos hay desde las 7:30 a las 7:45?

Cuenta: 5, 10, 15. Desde las 7:30 a las 7:45
hay 15 minutos.

7:30   7:45

Spanish ◆ Español

مراجعة: إخبار الوقت

أخبر الوقت من ساعة تناظرية واكتب الأوقات بالرموز الرقمية. أخبر الوقت بطرق
مختلفة. احسب الوقت المنقضي.

المفردات: وقت منقضي (elapsed time)

كم عدد الدقائق من 7:30 إلى 7:45؟

عدّ: 15 ,10 ,5. يوجد 15 دقيقة ما بين الساعة
7:30 إلى 7:45.

7:45   7:30

Arabic ◆ عربي

Bài Ôn: Xem Giờ

Xem giờ trên đồng hồ quay kim, và viết giờ bằng khái niệm số. Xem giờ bằng những phương cách khác. Tính toán thời gian đã qua đi.

Từ Vựng: thời gian đã qua đi (elapsed time)

Có bao nhiêu phút từ 7:30 đến 7:45?

Đếm: 5, 10, 15. Có 15 phút từ 7:30 đến 7:45.

7:30   7:45

ZAJ LUS QHIA 10·2

Rov Muab Los Xyuas: Qhia Sijhawm

Siv lub moo muaj tus tes qhia sijhawm, es muab sau ua leb. Siv lwm hom kev qhia sijhawm. Ua leb xyuas saib sijhawm dhau lawm pes tsawg.

Lo Lus: Qhov sijhawm dhau lawm (elapsed time)

Muaj pes tsawg nas-this txij thaum 7:30 rau 7:45?

Suav: 5, 10, 15. Txij 7:30 rau 7:45 muaj 15 nas-this.

7:30   7:45

10·2 課

復習：認時間

說出指針式時鐘所示的時間，並用數字標記法寫出來。用不同的說法表述時間。計算已過時間。

辭彙：已過時間 (elapsed time)

從 7:30 到 7:45，中間隔了多少分鐘？

計數：5，10，15。7:30 和 7:45 之間隔了 15 分鐘。

7:30   7:45

LESSON 10·3

Mental Arithmetic: Using a Vending Machine Poster

Show amounts of money with coins. Solve number stories involving addition of 2-digit numbers.

What coins do you need to buy mints from a vending machine?

Use 1 quarter and 1 dime.

LECCIÓN 10·3

Cálculo mental: uso del cartel de la máquina

Muestra cantidades de dinero con monedas. Resuelve historias con números incluyendo sumas de números de dos dígitos.

¿Qué monedas necesitas para comprar mentas de una máquina expendedora?

Usa 1 *quarter* y 1 *dime*.

الدرس 3·10

الحساب العقلي: استخدام ملصق آلة البيع

اعرف مقدار النقود بالعملات. قم بحل المسائل الكلامية التي تنطوي على جمع الأعداد المكوّنة من رقميّن.

ما هي العملات التي ستحتاج إليها لشراء النعناع من آلة البيع؟

استخدم عملة واحدة من فئة ربع دولار وعملة واحدة من فئة العشرة سنتات.

BÀI 10·3 Tính Nhẩm: Dùng Bích Chương Của Máy Tự Động Bán Hàng

Cho biết số tiền bằng những đồng tiền cắc. Giải những bài toán số học liên hệ đến việc cộng những số có 2 con số.

Em cần những đồng tiền cắc nào để mua kẹo bạc hà từ máy tự động bán hàng?

Dùng 1 đồng hai mươi lăm xu và 1 đồng mười xu.

ZAJ LUS QHIA 10·3 Ua Leb Hauv Taub-Hau: Siv Daim Duab Txog Lub Tshuab Muag Khoom Noj

Muab npib suav ua qhov nyiaj. Kawm ua cov leb ua zaj- siv cov leb muaj 2 tug nabnpawb sib-ntxiv ua.

Koj yuav siv cov npib twg yuav cov khob-noom (mints) ntawm lub tshuab muag khoom?

Siv 1 lub khuab-tawj thiab 1 lub dais.

10·3 課 心算：利用一張自動售貨機的招貼

用硬幣來表示金額。解決涉及兩位數加法的數字問題。

要從一台投幣自動售貨機那裏買薄荷糖，你需要哪些硬幣？

要用 1 個二十五美分硬幣 和 1 個十美分硬幣。

Mental Arithmetic (Continued)

Solve comparison number stories. Calculate amounts of change.

How much more do pretzels cost than cookies?

65¢ − 50¢ = 15¢
The pretzels cost 15¢ more.

English ◆ English

Cálculo mental (continuación)

Resuelve historias de comparación. Calcula cantidades de cambio.

¿Cuánto más cuestan los pretzels que las galletas?

65¢ − 50¢ = 15¢
Los pretzels cuestan 15¢ más.

Spanish ◆ Español

الحساب العقلي (تابع)

قم بحل المقارنة بين المسائل الكلامية. احسب مقدار النقود المتبقيّة.

بكم يزيد سعر البسكويت المملح على سعر الكعك المحلي؟

¢15 = ¢50 − ¢65

يزيد سعر البسكويت المملح بمقدار 15 سنت.

Arabic ◆ عربي

Tính Nhẩm (Tiếp theo)

Giải những bài toán số học so sánh. Tính số tiền thối.

Bánh pretzel đắt hơn bánh qui bao nhiêu?

$$65¢ - 50¢ = 15¢$$
Bánh bột đắt hơn 15¢.

Ua Leb Hauv Taub-Hau (Ntxiv)

Muab cov leb ua zaj los sib piv ua. Ua saib qhov nyiaj yuav ntxiv yog pes tsawg.

Tus nqi khobcij pretzels kim dua daim khob-noom lawm pes tsawg?

$$65¢ - 50¢ = 15¢$$
Daiv khobcij pretzels raug nyiaj 15¢ tshaj.

心算（續）

解決比較的數字問題。計算找零錢的數額。

鹹圈餅比曲奇貴多少錢？

$$65¢ - 50¢ = 15¢$$
鹹圈餅比曲奇貴 15 美分。

Year-End Geometry Review

Review the names and some of the characteristics of polygons.
Name basic 3-dimensional shapes.

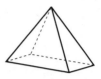

cone   cube   pyramid

Repaso de geometría de fin de año

Repasa los nombres y algunas características de los polígonos.
Nombra las formas tridimensionales básicas.

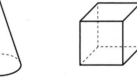

cono   cubo   pirámide

مراجعة آخر العام في الهندسة

راجع على بعض أسماء وبعض خصائص المضلعات. اذكر أسماء 3 أشكال
أساسية ثلاثية الأبعاد.

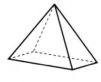

هرم   مكعب   مخروط

Bài Ôn Hình Học Cuối Năm

Ôn lại tên gọi và một số đặc tính của đa giác. Nêu tên của những hình dáng 3 chiều căn bản.

    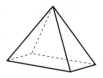

hình nón   hình khối   kim tự tháp

ZAJ LUS QHIA 10·5

Rov Muaj Leb Txog Cev Duab Los Kawm Xyuas Thaum Xyoo-Kawg

Rov muab cov npe cev duab los kawm xyuas thiab kawm txog tias lawv muaj yeebyam zoo li cas. Hais cov npe cev duab uas muaj 3 sab.

    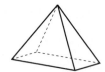

Lub cev duab kheej kheej muaj lub hau zuag   Lub thawv muaj rau sab loj sib luag zos   Lub cev duab muaj peb fab es lub hau zuag

---

10·5 課

年終幾何復習

復習多邊形的名稱以及一些特性。說出基本的三維圖形。

    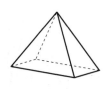

圓錐體   立方體   棱錐

Review: Thermometers and Temperature

LESSON 10·6

Read temperatures in degrees Fahrenheit. Use information on a map to find temperature differences.

Each little mark represents 2 degrees.

Count up by 2s from 80°F.

The temperature is 82°F.

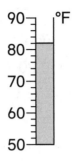

Repaso: termómetros y temperatura

LECCIÓN 10·6

Lee las temperaturas en grados Fahrenheit. Usa la información de un mapa para encontrar las diferencias de temperatura.

Cada marca pequeña representa 2 grados.

Cuenta hacia adelante de 2 en 2 desde 80°F.

La temperatura es 82°F.

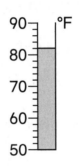

مراجعة: ميزان الحرارة ودرجة الحرارة **الدرس 10·6**

اقرأ درجات الحرارة بالدرجات الفهرنهايتية. استخدم المعلومات الموجودة على الخريطة لمعرفة الاختلافات في درجات الحرارة.

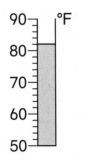

كل علامة صغيرة تمثل درجتين.

قم بالعد تصاعديًا بالدرجتين بدءًا من 80° فهرنهايت.

درجة الحرارة 82° فهرنهايت.

English ◆ English

Spanish ◆ Español

Arabic ◆ عربي

Bài Ôn: Nhiệt Kế và Nhiệt Độ

Vietnamese ◆ Tiếng Việt

Đọc nhiệt độ bằng độ F. Dùng thông tin trên bản đồ để tìm sự khác biệt của nhiệt độ.

Mỗi chấm nhỏ tượng trưng cho 2 độ.

Đếm lên mỗi 2 đơn vị từ 80°F.

Nhiệt độ là 82°F.

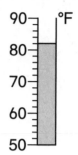

ZAJ LUS QHIA 10·6

Rov Muab Los Kawm Xyuas: Cov Teev Ntsuas Kub thiab Txias thiab Qhov Kub Siab Kub Qis

Hmong ◆ Hmoob

Kawm nyeem qhov kub siab kub qis ua dis-nklis fas-lees-haij. Sib cov lus qhia nyob rau ntawm daim phiam-thib xyuas saib qhov kub qhov txias sib txawv txav li cas.

Ib theem cim me me yog 2 dis-nklis.

Suav nce ib zaug twg 2 zujzus txij ntawm 80° F mus.

Qhov kub siab kub qis ntawd yog 82° F.

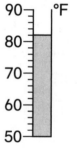

10·6 課

復習：溫度計和溫度

Traditional Chinese ◆ 中文

讀出華氏溫度。利用地圖上的資訊來找出溫度差別。

每個小刻度代表 2 度。

從華氏 80 度開始 2 度 2 度地向上數。

圖中所示的溫度為華氏 82 度。

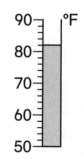

Review: Place Value, Scrolls, and Number Grids

Review place value through hundreds.

Model a number with 2 in the hundreds place, 3 in the tens place, and 4 in the ones place.

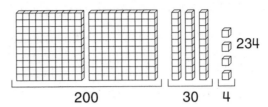

200 30 4

Repaso: valor posicional, listas y cuadrículas numéricas

Repasa el valor posicional hasta las centenas.

Crea un modelo numérico con 2 en el lugar de centenas, 3 en el lugar de decenas y 4 en el lugar de unidades.

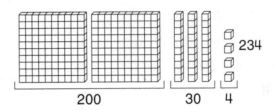

200 30 4

مراجعة: القيمة المكانية وقوائم ومربعات الأعداد

راجع قيمة الخانات حتى خانة المئات.

اكتب العدد بوضع رقم 2 في خانة المئات؛

وضع رقم 3 في خانة العشرات؛ وضع رقم 4 في خانة الأحاد.

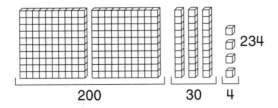

200 30 4

Bài Ôn: Giá Trị Vị Trí, Liễn, và Khung Số

Vietnamese ◆ Tiếng Việt

Ôn lại giá trị vị trí đến hàng trăm.

Đặt một số có 2 ở hàng trăm, 3 ở hàng chục, và 4 ở hàng đơn vị.

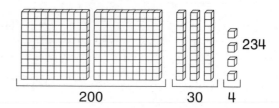

200   30   4

ZAJ LUS QHIA 10·7

Rov Muab Los Kawm Xyuas: Tus Leb Loj Npaum Cas Nyob Rau Qhov Chaw Ntawd, Txav Nce Nqis, thiab Cov Nabnpawb Hauv Roojntawv

Hmong ◆ Hmoob

Rov kawm txog tias tus leb loj npaum cas nyob qhov chaw ntawd mus kom txog cov puas.

Sau ib tug qauv nabnpawb yog leb 2 rau qhov chaw pua, 3 rau qhov chaw kaum, thiab 4 rau qhov chaw 1.

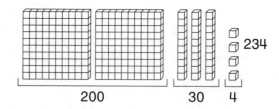

200   30   4

10·7 課

復習：位值、卷軸和數字網格

Traditional Chinese ◆ 中文

復習個位、十位、百位的位值。

寫出一個百位是 2、十位是 3、個位是 4 的數字。

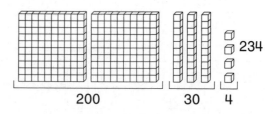

200   30   4

English	Spanish	Arabic	Vietnamese	Hmong	Chinese
add	sumar	جمع	cộng	ntxiv	加起來
addition facts	sumas	حقائق الجمع	các phép tính cộng	leb sib ntxiv	加法口訣
Addition/ Subtraction Facts Table	tabla de operaciones de suma/resta	جدول حقائق الجمع/الطرح	Bảng Tính Cộng/Tính Trừ	lub roojntawv leb sib ntxiv/sib rho tawm	加/減法口訣
altogether	en total	مجموع	tổng cộng	tag nrho uake	總共
A.M.	A.M.	صباحًا	buổi sáng	yav sawvntxov A.M.	上午
amount	cantidad	مقدار	số tiền	qhov ntau	數額
analog clock	reloj analógico	ساعة تناظرية	đồng hồ chỉ kim	lub moo siv tus koob tes qhia moo	指針式時鐘
area	área	مساحة	diện tích	qhov Cheebtsam Chaw	面積
arm span	braza	طول الذراع	sải tay	ib dag-npab	臂展
arrow	flecha	سهم	mũi tên	hau-xub	箭頭
arrow rule	regla sobre flechas	قاعدة السهم	qui luật mũi tên	txoj cai txog hau-xub	箭頭法則
attribute	atributo	صفة	thuộc tính	vim tov thiaj muaj nov	屬性
bar graph	gráfico de barras	مخطط أعمدة	biểu đồ thanh	qauv duab kos ua tej ya graph	條形圖
base-10 blocks	bloques de base 10	مكعبات وحدات النظام العشري	các khối căn bản 10	cov tog ntoo lossis tog rojhmab loj li 10	十進位方塊
basic facts	operaciones básicas	حقائق أولية	các phép tính căn bản	kev qhia ua leb	基本口訣
calculator	calculadora	آلة حاسبة	máy tính	kaskuslastawj	計算器
calendar	calendario	تقويم	lịch	daim khas-lees-dawj	日曆
capacity	capacidad	سعة	dung lượng	qhov ntim tau ntau tshaj plaws	容積
cent	centavo	سنت	xu	xees	美分
centimeter (cm)	centímetro (cm)	سنتيمتر (سم)	centimét	xees-tis-mij-tawj, xees-tis-mev	釐米 (cm)
circle	círculo	دائرة	hình tròn	vojvoog	圓形
clockwise	en sentido horario	باتجاه عقارب الساعة	theo chiều kim đồng hồ	tig raws tus tes moo	順時針方向
coins	monedas	عملات	những đồng tiền cắc	npib	硬幣
column	columna	عمود	cột	kem rov ntsug	列
combination	combinación	مجموعة	kết hợp	sib tov ua ke, sib ntxiv ua ke	組合
compare	comparar	قارن	so sánh	sib piv	比較

English	Haitian Creole	German	Korean	Tagalog	Russian
add	adisyone	addieren	더하다	dagdagan	сложить
addition facts	verite adisyon	Addititionsfakten	덧셈규칙	katotohanan ukol sa pagdagdag	примеры на сложение
Addition/ Subtraction Facts Table	tablo verite adisyon/ soustraksyon	Additions-/ Subtraktions-fakten-Tabelle	덧셈/뺄셈 규칙표	Talaan ng Katotohanan Ukol Sa Pagdagdag/ Pagbawas	таблица примеров на сложение / вычитание
altogether	ansanm nèt	insgesamt	모두 합쳐	lahat-lahat	всего
A.M.	dimaten	vormittags	오전	umaga	до полудня
amount	montan	Betrag, Menge	금액	halaga	количество
analog clock	lòlòj analòg	analoge Uhr	아날로그 시계	relong analog	часы со стрелками
area	sipèfisi	Gebiet, Bereich	넓이, 면적	lawak	площадь
arm span	longè bra	Armspanne	팔 길이	abot ng braso	обхват
arrow	flèch	Pfeil	화살표	pana	стрелка
arrow rule	règleman flèch	Pfeilregel	화살표 규칙	tuntunin ng pana	правило стрелки
attribute	atribi	Attribut	속성	katangian	свойство
bar graph	dyagram baton	Balkendiagramm	막대 그래프	hanay na grapika	гистограмма
base-10 blocks	bwat baz 10	Basis-10-Blöcke	10진 블록	pundasyon-sampung bloke	конструктор из кубиков
basic facts	verite baz yo	Basisfakten	기본 규칙	batayang katotohanan	элементарные задачи
calculator	machinakakile	Rechner	계산기	kalkulador	калькулятор
calendar	kalandriye	Kalender	달력	kalendaryo	календарь
capacity	kapasite	Kapazität	용적, 용량	kapasidad	емкость
cent	santim	Cent	센트	sentimo	цент
centimeter (cm)	santimèt (cm)	Zentimeter (cm)	센티미터 (cm)	sentimetro	сантиметр (см)
circle	sèk	Kreis	원	bilog	окружность
clockwise	nan sans eguiy yon revèy	in Uhrzeigersinn	시계방향	paikot sa kanan	по часовой стрелке
coins	monnen	Geldstücke, Münzen	동전	barya	монеты
column	kolòn	Spalte	열	hanay	столбец
combination	konbinezon	Kombination	조합	kombinasyon	набор
compare	konpare	vergleichen	비교하다	ihambing	сравнить

English	Spanish	Arabic	Vietnamese	Hmong	Chinese
cone	cono	مخروط	hình nón	lub cev duab kheej kheej muaj lub hau zuag	圓錐
container	recipiente	إناء	bình chứa	lub thoob ntim	容器
corner	esquina, ángulo	زاوية	góc	ces kaum	角
cube	cubo	مكعب	khối vuông	lub thawv muaj rau sab loj sib luag, lub cube	立方體
cubit	codo	ذراع	cubit	npe ntsuas hu ua cubit	腕尺
cylinder	cilindro	أسطوانة	hình trụ	lub raj	圓柱體
date	fecha	تاريخ	ngày tháng	deb-tas qhia txog lub ntsiab tias yog li cas	日期
decimal point	punto decimal	علامة عشرية	dấu thập phân	tees noob des-xis-maus	小數點
degree	grado	درجة	độ	ntsuas dis-nklis	度數
denominator	denominador	مقام	mẫu số	tus leb sab hauv	分母
difference	diferencia	فرق	hiệu số	qhov sib txawv	差
digit	dígito	رقم	số, ký số	tus leb	一指寬/數字
digital clock	reloj digital	ساعة رقمية	đồng hồ chỉ số	lub moo khiav leb	數字時鐘
dime	dime	عملة العشرة سنتات	đồng mười xu	npib kaum-xees, dais	十美分硬幣
display	pantalla	عرض	màn hình	Sau qhia	顯示
dollar	dólar	دولار	đồng Mỹ kim	duas-las	元
dollars-and-cents notation	representación de dólares y centavos	رموز الدولارات والسنتات	ký hiệu đồng và xu	cov cim qhia nyiaj duas-las thiab xees	美元和美分標記
doubles fact	operación de dobles	مسألة مضاعفة	phép tính gấp đôi	muab tus leb qub sib ntxiv	加倍口訣
elapsed time	tiempo transcurrido	وقت منقضي	thời gian trôi qua	sijhawm dhau los lawm	已過時間
equal parts	partes iguales	أجزاء متساوية	những phần bằng nhau	ntau qhov sib npaug zos	相等的部分
equivalent names	nombres equivalentes	صيغ مكافئة	những tên gọi tương đương	cov npe muaj nqi sib npaug	等效名稱
estimate	estimar	تقدير	ước tính	kwvyees	估計
even number	número par	عدد زوجي	số chẵn	leb khub	偶數
exchange	cambiar	استبدال	trao đổi	sib pauv	兌換
Exploration	Exploración	استكشاف	Khám Phá	Kam Tshawb Kawm	探索
face	cara	وجه	mặt	lub ntsej	面
fact family	familia de números	عائلة الحقيقة	tập hợp phép tính	leb txheeb ze ib tse	口訣家族

English	Haitian Creole	German	Korean	Tagalog	Russian
cone	kòn	Kegel	원뿔	kono	конус
container	resipyan	Behälter	용기	lalagyan	сосуд
corner	kwen	Ecke	모서리	kanto	угол
cube	kib	Kubikzahl, Kubus, Würfel	삼승, 세제곱,입방체, 정육면체	kubo	куб
cubit	koude	Elle	큐빗	cubit	локоть
cylinder	silend	Zylinder	원기둥	silindro	цилиндр
date	dat	Datum	날짜	petsa	дата
decimal point	pwen desimal	Dezimalpunkt	소수점	puntong desimal	десятичный разделитель
degree	degre	Grad	도	antas	градус
denominator	denominatè	Nenner	분모	taguri	знаменатель
difference	diferens	Unterschied	차	pagkakaiba	разность
digit	chif	Ziffer, Stelle	자릿수	pamilang	цифра
digital clock	lòlòj nimewik	digitale Uhr	디지털 시계	relong dihital	электронные часы
dime	daym	10-Cent-Stück, US-Münze	10센트	sampung sentimo	монета в 10 центов
display	etalaj	Display, anzeigen	표시하다	pagtanghal	дисплей
dollar	dola	Dollar	달러	dolyar	доллар
dollars-and-cents notation	notasyon dola ak santim	Dollar-und-Cent-Vermerk	달러와 센트의 표기법	notasyon ng mga dolyar at mga sentimo	представление в долларах и центах
doubles fact	verite doub	verdoppeltes Faktum	갑절 규칙	katotohanan ng mga pares	примеры на удвоение
elapsed time	tan ekoule	abgelaufene Zeit	경과 시간	oras na nagdaan	прошедший промежуток времени
equal parts	pati egal	gleiche Anteile, gleiche Teile	등분	pantay na mga parte	равные части
equivalent names	non ekivalan	äquivalente Namen, gleiche Namen	등가 이름	mga katumbas na pangalan	эквивалентные обозначения
estimate	estime	Schätzung	추정값	tantiya	оценивать
even number	nonm pè	gerade Zahl	짝수	tukol na numero	четное число
exchange	echanj	Austausch	교환하다	palit	размен
Exploration	eksplorasyon	Untersuchung	탐구	explorasyon	исследование
face	fas	Oberfläche	면	mukha	грань
fact family	fanmi verite	Faktenfamilie	규칙 모음	pamilya ng katotohanan	набор задач

English	Spanish	Arabic	Vietnamese	Hmong	Chinese
fact power	capacidad para recordar automática-mente lo básico	القدرة على استرجاع الحقائق الرياضية	khả năng làm tính	tswvyim txog leb	口訣能力
Fact Triangle	Triángulo de operaciones	مثلث المسائل	Tam Giác Phép Tính	Lub Cev Duab Peb Ceg Kaum	口訣三角形
Fahrenheit	Fahrenheit	فهرنهايت	Fahrenheit	Fas-lees-haij	華氏溫標
flat	plano	مكعب مئات	khối dẹp	ib daim, ib theem, ib tawb, tiaj tiaj	平板
foot (feet)	pie (pies)	قدم (أقدام)	foot (feet)	fuj, ib txhais taw	腳
fourths	cuartos	أرباع	phần tư	ib feem plaub	四等份
fraction	fracción	كسر	phân số	leb feem	分數
fractional part	parte fraccional	جزء كسري	phần phân số	feem faib tawm	分數部分
frame	cuadro	إطار	khung	kauj duab	方框
Frames-and-Arrows diagram	Diagrama de cuadros y flechas	مخطط الإطارات والأسهم	biểu đồ khung và mũi tên	cev duab txog Kauj-Duab thiab Hau-Xub	『方框與箭頭』圖解
function machine	máquina de funciones	آلة الدوال	máy chức năng	tshuab ua leb	函數機器
geoboard	geoplano	لوحة الأشكال الهندسية	bảng hình học	daim txiag kos cov duab cev	幾何板
half	mitad	نصف	nửa	ib nrab	一半
half-past (the hour)	(hora) y media	(الساعة) والنصف	nửa giờ hơn (giờ)	ib nrab dhau (qhov xuabmoo)	半點
halves	mitades	أنصاف	các nửa	ib nrab	兩等份
hand	mano	يد	tay	tes	一掌寬
hand span	cuarta	شِبر	sải tay	ib dos	掌距
height	alto, talla	طول/ارتفاع	chiều cao	qhov siab	高度
hexagon	hexágono	سداسي الأضلاع	hình lục giác	cev duab rau ces kaum	六邊形
hour hand	manecilla de las horas	عقرب الساعات	kim chỉ giờ	tus tes qhia moo	時針
hundreds	centenas	مئات	hàng trăm	cov pua	百
hundreds place	posición de las centenas	خانة المئات	vị trí hàng trăm	qhov chaw ib puas	百位
in number	número de entrada	رقم معطى	số cho vào	nabnpawb sab hauv	輸入數字
inch (in.)	pulgada (pulg.)	بوصة	inch (in.)	eej (ib taub-teg)	英寸
input	entrada	معطى	số cho vào	tso rau	輸入
is equal to	es igual a	يساوي	bằng với	sib npaug zos li	等於
is less than	es menos que	أصغر من	nhỏ hơn	tsawg dua	小於
is more than	es más que	أكبر من	lớn hơn	ntau dua	大於
key	tecla	مفتاح	chìa khoá	tus tes nias	鍵
larger	mayor	مفتاح	lớn hơn	loj dua	較大

English	Haitian Creole	German	Korean	Tagalog	Russian
fact power	pwisans verite	Faktenmacht	규칙력	puwersa ng katotohana	выработка автоматизма
Fact Triangle	triyang verite	Faktendreieck	규칙의 삼각형	Trianggulo ng Katotohanan	задача-треугольник
Fahrenheit	Fahrenheit	Fahrenheit	화씨	Fahrenheit	шкала Фаренгейта
flat	plat	flach	평평한	patag	плоский элемент
foot (feet)	pye	Fuß (Fuß, Maßeinheit)	피트	paa	фут (футы)
fourths	ka yo	Viertel	4분의 1, 네번째	mga apat	четверти
fraction	fraksyon	Bruch	분수	praksiyon	дробь
fractional part	pati fraksyonel	Bruchteil	분수 부분	parteng praksiyonal	дробная часть
frame	ankadreman	Rahmen	좌표	kuwadro	рамка
Frames-and-Arrows diagram	dyagram flèch ak ankadreman	Rahmen und Pfeildiagramm	좌표 및 화살표 다이어그램	banghay na Frames -and-Arrows	схема из рамок и стрелок
function machine	machin fonksyon	Funktions-maschine, -gerät	함수 계산기	makina ng pag-gawa	функциональная машина
geoboard	panno figi	Geometrietafel	지오보드	geoboard	геометрическая доска
half	demi, mwatye	halb	반	kalahati	половина
half-past (the hour)	edmi	halb-, dreißig (Uhrzeit)	(~시) 30분지난	tatlumpung minuto lampas sa oras	полчаса
halves	mwatye yo	Hälften	반	mga kalahati	половины
hand	men	Hand	손	kamay	ладонь
hand span	longè men	Handspanne	손 너비	abot ng kamay	пядь
height	wotè	Höhe, Größe	높이	taas	высота
hexagon	ekzagòn	Sechseck	육각형	heksagono	шестиугольник
hour hand	eguiy lè	Stundenzeiger	시침	kamay ng oras	часовая стрелка
hundreds	santèn	Hunderte, Hundertstel	백	mga sandaan	сотни
hundreds place	pozisyon santèn	Hunderter-Stelle	백의 자리	puwesto ng daan	разряд сотен
in number	chif *andedan*	Eingabezahl	내부 숫자	numerong loob	*вводимое* число
inch (in.)	pous (in.)	Zoll (Maß)	인치 (in.)	pulgada	дюйм
input	antre	Eingabe	입력	puwersa	ввод
is equal to	egal a	ist gleich	~와 같다	kasing halaga ng	равен
is less than	mwen de	ist weniger als	~보다 작다	mas maliit sa	меньше
is more than	plis de	ist mehr als	~보다 크다	mas malaki sa	больше
key	lejand	Schlüssel, Taste	키	susi	кнопка
larger	pi gwo	größer	더 큰	masmalaki	больше

English	Spanish	Arabic	Vietnamese	Hmong	Chinese
length	largo, longitud	طول	chiều dài	qhov-ntev	長度
line of symmetry	eje de simetría	محور التماثل	đường đối xứng	txoj kab phua ob sab kom zoo tib yam	對稱軸
line plot	diagrama de puntos	رسم خطى	đồ thị đường thẳng	txoj kab sau ua leb	數軸記號圖
line segment	segmento de recta	قطعة مستقيمة	đoạn thẳng	txoj kab ua tej yav, ib theem kab, ib ya kab	線段
longs	largos	مكعبات العشرات	khối dài	cov ua tej yav ntev	長條
Math Boxes	Ejercicios matemáticos	مربعات حسابية	Hộp Toán Học	Lub Thawv Txog Leb	數學框格
Math Message	Mensaje matemático	أنشطة حسابية تمهيدية	Thông Điệp Toán Học	Lus Tshaj Tawm Txog Leb	數學資訊
measurement	medición	قياس	sự đo lường	qhov ntsuas	測量
measures	medidas	قياسات	số đo	ntsuas	度量標準
metric system	sistema métrico	النظام المتري	hệ thống đo bằng mét	ntsuas ua mev	公制
middle value	valor medio	القيمة المتوسطة	giá trị trung bình	tus leb hauv plawv	中值
midnight	medianoche	منتصف الليل	nửa đêm	ib tag hmo	午夜
minus	menos	ناقص	trừ	luv tawm	減去
minute hand	minutero	عقرب الدقائق	kim chỉ phút	tus tes qhia nas-this	分針
multiple of 10	múltiplo de 10	مضاعف العدد 10	bội số của 10	leb khoo tawm los ntawm 10 los	10 的倍數
My Reference Book	Mi libro de referencia	الكتاب المرجعي للتلميذ	Sách Tham Khảo Của Em	Phauntawv Pab Qhia Txog Ub No	我的參考書
name-collection box	caja de coleccionar nombres	مربعات جمع الأسماء	hộp thu thập tên gọi	lub thawv rau npe	名稱集合方框
near doubles	operaciones de dobles más uno	أشباه المضاعفات	gần gấp đôi	ze yuav luag ob npaug	將近兩倍
nearest centimeter	centímetro más cercano	أقرب قيمة بالسنتيمتر	centimét gần nhất	ze tshaj rau xees-tis-mij-tawj	精確到釐米
nearest inch	pulgada más cercana	أقرب قيمة بالبوصة	inch gần nhất	ze tshaj rau ntawm qhov eej	精確到英寸
negative number	número negativo	رقم سالب	số âm	nabnpawb yau tshaj xum	負數
nickel	nickel	عملة الخمسة سنتات	đồng năm xu	npib niv-kaum	五美分硬幣
nonstandard	no estándar	غير قياسي	không tiêu chuẩn	tej tsis yog txhua leej siv	非標準的
noon	mediodía	ظهرًا	buổi trưa	tav su	正午

English	Haitian Creole	German	Korean	Tagalog	Russian
length	longè	Länge	길이	haba	длина
line of symmetry	liy simetri	Symmetrielinie	대칭중심선	linya ng simetria	ось симметрии
line plot	plan lineyè	Liniendiagramm	선도	linya ng plano	линейный график
line segment	segman liy	Liniensegment	선분	linya ng bahagi	отрезок прямой
longs	longè yo	Längen	긴 막대	umaasam	длинные элементы
Math Boxes	Bwat matematik	Mathematik-boxen	수학 상자	mga Kahon ng Math	математические наборы
Math Message	Mesaj matematik	Mathematik-nachricht	수학 메시지	Mensahe ng Math	зашифрованное письмо
measurement	mezi	Abmessung, Messung	측정	sukat	измерение
measures	mezi yo	Maße, misst (3rd person singular)	약수	sinukat	меры
metric system	sistèm metrik	metrisches System	미터법	sistemang metriko	метрическая система
middle value	valè mitan	mittlerer Wert	중간값	gitnang halaga	среднее значение
midnight	minuit	Mitternacht	자정	hatinggabi	полночь
minus	mwens	minus	빼기	menos	минус
minute hand	eguiy minit	Minutenzeiger	분침	kamay ng minuto	минутная стрелка
multiple of 10	miltip de 10	Multiplikator von 10	10의 배수	multiplo ng sampu	кратное числу 10
My Reference Book	Liv referans mwen	Mein Referenzbuch	나의 참고서	Aking Libro ng Reperensiya	Мой справочник
name-collection box	bwat koleksyon non	Namens-sammelbox	이름모으기 상자	kahon ng pag-kolekta ng pangalan	набор обозначений
near doubles	touprè doub	beinahe verdoppelt	갑절의 근사치	malapit sa mga pares	приблизи-тельное удвоение
nearest centimeter	santimèt pi pre	nächster Zentimeter	최근접 센티미터	pinakamalapit na sentimetro	точность до сантиметра
nearest inch	pous pi pre	nächster Zoll	최근접 인치	pinakamalapit na pulgada	точность до дюйма
negative number	nonm negatif	negative Zahl	음수	negatibong numero	отрицательное число
nickel	nikèl	Fünfcentstück (USA)	5센트	nikel	пятицентовая монета
nonstandard	pa estanda	kein Standard	비표준	hindi karaniwan	нестандартные
noon	midi	Mittag (12.00 Uhr)	정오	tanghali	полдень

English	Spanish	Arabic	Vietnamese	Hmong	Chinese
number grid	cuadrícula numérica	مربعات الأرقام	khung số	lub rooj leb	數字網格
number line	línea numérica	خط الأرقام	đường kẻ số	txoj kab ntawv leb	數軸
number model	modelo numérico	نموذج عدّدي	mô hình số	zaj qauv ua leb	算式
number story	historia con números	مسألة كلامية	bài toán đố	leb ua zaj	數字問題
number-grid puzzle	rompecabezas en cuadrícula numérica	لغز مربعات الأرقام	câu đố khung số	cov nabnpawb muab sib dhos ntawm lub roojntawv	數字網格
numerator	numerador	بسط	tử số	tus leb sab sauv	分子
odd number	número impar	عدد فردي	số lẻ	leb khib	奇數
ones	unidades	آحاد	hàng đơn vị	cov ib	一
ones place	posición de las unidades	خانة الآحاد	vị trí hàng đơn vị	qhov chaw rau cov ib	個位
order	orden	ترتيب	thứ tự	tsheej chaw , tso raws seem	安排
out number	número de *salida*	رقم ناتج	số *cho ra*	nabnpawb *sab nrauv*	*輸出*數字
output	salida	الناتج	kết quả	qhov tawm	輸出
pan balance	balanza de platillos	ميزان ذو كفتين	cân thăng bằng	rab teev ua tais luj khoom	托盤天平
pattern	patrón, forma	نمط	mẫu	tus seem	規律
pattern blocks	bloques de patrones	قوالب الأنماط	các khối mẫu	cov tog ntoo los sis tog rojhmab zoo muaj seem	圖樣塊
Pattern-Block Template	Plantilla de bloques geométricos	نموذج قوالب الأنماط	Khuôn Khối Mẫu	Daim Qauv Ntawv Txog Cov Cev Duab	圖樣塊模板
penny	penny	عملة السنت	đồng một xu	npib liab, ib xees	一美分硬幣
plus	más	زائد	cộng	ntxiv	加上
P.M.	P.M.	مساءً	buổi chiều	yav tav-su P.M.	下午
polygon	polígono	مضلع	đa giác	cev duab muaj kab thaiv tag ua ces kaum	多邊形
pound (lb)	libra (lb)	رطل	pound (lb)	phaus (lb)	磅 (lb)
press	presionar	اضغط	nhấn	nias, nyem	按
program	programa	برمجة	chương trình	txoj kabkev	程式
pyramid	pirámide	هرم	kim tự tháp	lub cev duab muaj peb fab es lub hau zuag	棱錐
quarter	quarter	عملة الربع دولار	đồng hai mươi xu	lub npib khuab-tawj	二十五美分硬幣

English	Haitian Creole	German	Korean	Tagalog	Russian
number grid	kadriyaj nonm	Zahlenraster	숫자 격자	parilya ng numero	числовая сетка
number line	liy nimerik	Zahlenlinie	수직선	linya ng numero	числовая ось
number model	makèt chif	Zahlenmodell	숫자 모델	modelo ng numero	числовая модель
number story	istwa chif	Zahlen-geschichte	숫자 이야기	istorya	задача
number-grid puzzle	problem kadriyaj nonm	Zahlenraster-Aufgabe	숫자격자 퍼즐	palaisipang numero	задача числовой сетки
numerator	nimeratè	Zähler	분자	tagabilang	числитель
odd number	nonm enpè	ungerade Zahl	홀수	gansal na numero	нечетное число
ones	inite	Einer-komplement	일	mga isa	единицы
ones place	pozisyon inite	Einerstelle	일의 자리	puwesto ng isa	разряд единиц
order	lòd	Anordnung, Reihenfolge	순서	utos	порядок
out number	chif *deyò*	Ausgabezahl	외부 숫자	labas na numero	*получаемое число*
output	soti	Ausgabe, Output	출력	puwersa	вывод
pan balance	balans bonm	Waage	천칭	pan balance	чашечные весы
pattern	modèl	Muster	패턴	tularan	модель
pattern blocks	blòk yo modèl	Musterblöcke	패턴 블록	mga bloke na tularan	набор фигур для модели
Pattern-Block Template	chema blòk modèl	Musterblock-vorlage	패턴 블록 템플릿	Tularan-Bloke-Template	шаблон фигур для модели
penny	penich	Penny (Geldstück, USA, GB)	1페니	isang sentimo	пенни
plus	plis	plus	더하기	idinagdag	плюс
P.M.	diswa	nachmittags, abends (nach 12.00 Uhr Mittag)	오후	Hapon	после полудня
polygon	poligòn	Vieleck	다각형	poligono	многоугольник
pound (lb)	liv (lb)	US-Pfund (ca. 0,45 kg)	파운드 (lb)	libra	фунт
press	peze	Presse, drücken	누르다	idiin	нажать
program	pwogram	Programm	프로그램	programa	программа
pyramid	piramid	Pyramide	각뿔	piramide	пирамида
quarter	kwatè	25-Cent-Stück (USA)	25센트, 15분, $\frac{1}{4}$	ikaapat na parte ng isang buo	четверть

English	Spanish	Arabic	Vietnamese	Hmong	Chinese
quarter-after	un cuarto pasado	والربع	mười lăm phút quá	ib feem plaub ua qab	（幾點）一刻
quarter-before	un cuarto para	إلا الربع	mười lăm phút trước	ib feem plaub ua ntej	差一刻（幾點）
quarter-past (the hour)	(hora) y cuarto	(الساعة) والربع	(giờ) mười lăm phút quá	ib feem plaub dhau (xuabmoo)	（幾點）一刻
quarter-to (the hour)	(hora) menos cuarto	(الساعة) إلا الربع	(giờ) kém mười lăm phút	ib feem plaub txog (xuabmoo)	差一刻（幾點）
range	rango	مدى	dãy	qhov ntev los sis qhov deb ntawm ib tog rau ib tog	極差、域值
rectangle	rectángulo	مستطيل	hình chữ nhật	cev duab plaub fab ob fab ntev ob fab luv	長方形
rectangular prism	prisma rectangular	منشور مستطيل	lăng trụ hình chữ nhật	lub thawv ntev	長方形棱柱
rhombus	rombo	معيّن	hình thoi	cev duab plaub fab ua ntsais	菱形
row	fila	صف	hàng	kem kab rov tav, theem kab	行
rule	regla	قاعدة حسابية	qui luật	txoj cai	法則
ruler	regla	مسطرة	thước kẻ	tus pas ntsuas	尺
scale	escala	ميزان	cân	rab teev luj khoom, pas ntsuas	刻度
side	lado	ضلع	cạnh	sab, sab ntug	邊
skip counting	conteo salteado	قفز الأعداد	đếm nhảy	suav hla	跳躍計數
slate	pizarra	لوح الكتابة	bảng đá đen	daim txiag zeb siv sau ntawv	書寫板
smaller	menor	أصغر	nhỏ hơn	me dua	較小
sphere	esfera	كرة	hình cầu	lub pob kheej	球體
square	cuadrado	مربع	hình vuông	tas, menyuam tas	正方形
square corner	ángulo recto	زاوية مربعة	góc vuông	ces kaum uas ob sab sib dho ncaj ncaj	直角
standard	estándar	قياسي	tiêu chuẩn	txhua leej siv tau	標準
standard foot	pie estándar	قدم قياسية	foot tiêu chuẩn	txhais taw txhua leej siv	標準英尺
straight	recto	مستقيم	thẳng	ncaj	直的
straightedge	reglón	مسطرة تقويم	cạnh thẳng	tus pas ntsuas ncaj ncaj	直尺
subtract	restar	طرح	trừ	rho-tawm	減
sum	sumar	حاصل الجمع	tổng số	tag nrho sib ntxiv uake	和
surface	superficie	سطح	bề mặt	lub nroog plawv	表面

English	Haitian Creole	German	Korean	Tagalog	Russian
quarter-after	eka	Viertel nach	15분후	labing-limang minuto lampas	через четверть часа после
quarter-before	mwen ka	Viertel vor	15분전	labing-limang minuto bago	за четверть часа до
quarter-past (the hour)	eka	Viertel nach (Uhrzeit)	(~시) 15분지난	labing-limang minuto lampas sa oras	четверть (часа)
quarter-to (the hour)	mwen ka	Viertel vor (Uhrzeit)	(~시) 15분전	labing-limang minuto bago ang oras	без четверти (час)
range	etandi	Reichweite, Umfang	치역, 범위	pagitan	интервал
rectangle	rektang	Rechteck	직사각형	rektanggulo	прямоугольник
rectangular prism	paralelepipèd	rechteckiges Prisma	직각기둥	rektanggulong prisma	прямоугольная призма
rhombus	lozanj	Raute	마름모	rombo	ромб
row	ranje	Reihe	행	hanay	строка
rule	règ	Regel	규칙	linyahan	правило
ruler	règ	Lineal	자	pang-linya	линейка
scale	echèl	Waage	눈금, 비율	iscala	масштаб
side	kote	Seite	변	tabi	сторона
skip counting	dekont pasan	beim Zählen überspringen	뛰어세기	lumalaktaw na pag-bilang	счет с шагом
slate	adwaz	Schiefertafel	석판	pisara	грифельная доска
smaller	pi piti	kleiner	더 작은	mas maliit	меньше
sphere	esfè	Sphäre	구	espera	сфера
square	kare	Quadrat, quadratisch	정사각형, 제곱	kuwadrado	квадрат
square corner	kwen kare	Quadratecke	직각 모서리	kuwadradong kanto	прямой угол
standard	estanda	Standard	표준	karaniwan	стандартный
standard foot	pye estanda	Standard-Fuß (Maßeinheit)	표준 크기의 발	karniwang paa	стандартный фут
straight	dwat	gerade	직선의	tuwid	прямая
straightedge	ekè	Abrichtlineal	직선자	reglador	линейка
subtract	soustrè	abziehen	빼다	magbawas	вычесть
sum	total	Summe	합	suma	сумма
surface	sifas	Oberfläche	곡면	ibabaw	поверхность

English	Spanish	Arabic	Vietnamese	Hmong	Chinese
symbol	símbolo	رمز	ký hiệu	cim	符號
symmetrical	simétrico	متماثل	có tính đối xứng	zoo tib yam	對稱的
symmetry	simetría	تماثل	sự đối xứng	ob qho zoo tib yam nkaus	對稱性
table of contents	contenido	جدول المحتويات	mục lục	lub roojntawv qhia txog cov ncaujlus	目錄
tally mark	marcas de conteo	علامة التسجيل	dấu kiểm đếm	tus cim suav sib ntxiv	計數符號
tape measure	cinta para medir	شريط القياس	dây thước đo	hlua ntsuas khoom	卷尺
temperature	temperatura	درجة حرارة	nhiệt độ	kub siab kub qis	溫度
tens	decenas	عشرات	hàng chục	cov kaum	十
tens place	posición de las decenas	خانة العشرات	vị trí hàng chục	chaw rau cov kaum	十位
thermometer	termómetro	ميزان الحرارة	nhiệt kế	rab teev ntsuas kub thiab txias	溫度計
thirds	tercios	أثلاث	phần ba	peb feem	三等份
time	tiempo	وقت	thời gian	sijhawm	時間
timeline	línea de tiempo	جدول مواعيد	biểu đồ thời gian	lub caij nyoog sijhawm	時間線
to make change	calcular el cambio	يحسب الباقي	để thối tiền	sib ntxiv nyiaj	找零錢
tool kit	equipo de herramientas	حقيبة الأدوات	bộ công cụ	thawv rau cuab-yeej	工具箱
trapezoid	trapezoide	شبه المنحرف	hình thang	cev duab plaub fab muaj tog loj tog me	梯形
triangle	triángulo	مثلث	hình tam giác	cev duab peb ceg kaum	三角形
turn-around fact	operación de orden inverso	حقيقة مقلوبة	phép tính giao hoán	leb sib txauv chaw	交換律口訣
typical	típico	نموذجي	tiêu biểu	nquag pom muaj	典型的
unit	unidad	وحدة/مجموعة	đơn vị	zaj ntawv, ib qho	單位
unit box	casilla de la unidad	مربع الوحدة	hộp đơn vị	lub thawv rau cov khoom muaj ib qho rau ib qho	單位框格
unit fraction	fracción de unidad	كسر الوحدة	phân số có tử số là một	leb feem txog ib qho zujzus	單分數
value	valor	قيمة	giá trị	tus nqi	幣值
weigh	pesar	يزن	cân đo	ntsuas qhov nyhav	稱重
weight	peso	وزن	trọng lượng	qhov nyhav	重量
whole	entero	صحيح	tổng thể	tag nrho qhov khoom	整體
yard	yarda	ياردة	yard	qhov ntsuas ntev hu ua yaj	碼

English	Haitian Creole	German	Korean	Tagalog	Russian
symbol	senbòl	Symbol	기호	simbolo	символ
symmetrical	simetrik	symmetrisch	대칭인	may simetrika	симметричный
symmetry	simetri	Symmetrie	대칭	simetrika	симметрия
table of contents	tab dèmatyè	Inhalts-verzeichnis	목차	talaan ng nilalaman	оглавление
tally mark	mak pou konte	Strich-markierung	탤리 표시	rolyo ng pag-bilang	счетные метки
tape measure	mezi tep	Maßband	줄자	panukat na tela	мерная лента
temperature	tanperati	Temperatur	온도	temperatura	температура
tens	dis yo	Zehntel	십	sampu	десятки
tens place	pozisyon dis	Zehntelstelle	십의 자리	puwesto ng sampu	разряд десятков
thermometer	tèmomèt	Thermometer	온도계	termometro	термометр
thirds	twazyèm yo	Drittel	3분의 1	mga ikatlong-hati	трети
time	tan	Zeit	시간	panahon	время
timeline	liy kwonolojik	Zeitleiste	시간표	haba ng panahon	ось времени
to make change	fè chanjman	Änderungen vornehmen	잔돈 바꾸기	magpalit	отсчитать сдачу
tool kit	bwat zouti	Werkzeugkasten	도구 상자	lalalgyan ng kasangkapan	набор инструментов
trapezoid	trapèz	Trapezoid	사다리꼴	trapesoyde	трапеция
triangle	triyang	Dreieck	삼각형	trianggulo	треугольник
turn-around fact	verite retou	Umkehrfaktor	순환 규칙	katotohanan sa pag-baliktad	пример с переменой мест
typical	tipik	typisch	일반적인	karaniwan	типовой
unit	inite	Einheit	단위	bahagi	единица измерения
unit box	bwat inite	Einheitsbox	단위 상자	kahon ng bahagi	поле единиц измерения
unit fraction	fraksyon inite	Einheitsbruch	단위 분수	praksiyon ng bahagi	единичная дробь
value	valè	Wert	값	halaga	значение
weigh	peze	wiegen	무게를 달다	itimbang	взвешивать
weight	pwa	Gewicht	무게	timbang	вес
whole	antye	ganz	전체	buo	целое
yard	yad	Yard (Maßeinheit)	야드	yarda	ярд